建筑模型设计
表现与制作

潘明率　胡　燕　编著

机械工业出版社
CHINA MACHINE PRESS

本书写作目的在于展现如何通过模型的制作来学习建筑设计，从设计的角度来认识模型的制作过程。内容以实用为主，采用大量的实例图片，图文并茂，力求为读者带来真实的制作过程与学习经验。

本书分为8章。其中，第1章至第3章介绍常用的模型材料与工具等基础知识，第4章至第6章介绍模型制作的基本方法与思路，第7章以实例展现模型与设计的关系和作用，第8章为模型作品的展示。

本书读者对象为建筑设计、景观设计、室内设计和环境设计等专业的设计人员和广大的模型爱好者，以及相关专业的大专院校师生。

图书在版编目（CIP）数据

建筑模型设计表现与制作/潘明率，胡燕编著.—北京：机械工业出版社，2017. 11
ISBN 978-7-111-58338-7

Ⅰ.①建… Ⅱ.①潘… ②胡… Ⅲ.①模型（建筑）–设计 ②模型（建筑）–制作
Ⅳ.①TU205

中国版本图书馆 CIP 数据核字（2017）第 261204 号

机械工业出版社（北京市百万庄大街22号 邮政编码100037）
策划编辑：关正美 责任编辑：关正美
责任校对：王 延 封面设计：张 静
责任印制：李 飞
北京铭成印刷有限公司印刷
2018 年 2 月第 1 版第 1 次印刷
169mm×239mm · 9. 5 印张 · 197 千字
标准书号：ISBN 978-7-111-58338-7
定价：45.00 元

从近年来建筑设计教学来看，方案的设计与表达已经由原有单一的图纸转变为多种方式的综合表现。作为重要的表达方式之一，建筑模型可以直观、直接地展示设计成果，这是其他方式无法比拟的。同时，设计过程中使用的概念模型和工作模型，能够快速展现设计构思，对设计的深化有着巨大的推进作用，因此模型的重要性越来越受到重视，通过模型来推敲设计已经成为重要的设计手段。

本书关注的是如何通过模型来表达建筑设计的构思及过程，因此重点在于对设计过程中构思模型与工作模型的制作与表现，而用于表达设计最终成果的展示模型不列为主要内容。在材料选择、工具使用、制作思路、精细程度等方面，工作模型的制作因设计构思不同而有所差异。为了能够较全面地展现模型制作的全过程，本书从准备工作开始，介绍了常用的模型材料与工具等基础知识内容，在此基础上阐述了模型结合设计的方法、制作的基本方法、模型的色彩表达等内容，并附有相关案例加以分析。在编写中，注重实用性与操作性，采用大量实例图片，力求为读者带来真实的制作过程与学习体验。在书的最后展示了一些模型实例，由于篇幅所限未能全部呈现，另附电子文件提供增值下载服务，方便读者使用。

本书所采用的模型实例素材主要为北方工业大学建筑系相关专业学生的课程作业，此外还有一些作者所拍摄的照片。由于搜集资料的原因，不能全部注明作品作者，在此向设计者致以真挚的感谢。在书稿的写作过程，郭佳、刘洋、傅佳玥、李迎、李润奇等同学为搜集与整理资料作了大量工作，也在此一并深表谢意。

希望本书能激发读者的学习与动手的热情，满足相关专业院校师生及广大模型制作爱好者的学习使用需求。由于编写时间仓促，书中难免有漏误之处，敬请广大读者及相关人士批评指正。

编　者

目录

▶▶▶▶▶▶ **目 录**

C ONTENT

C 绪 论

1. 建筑模型的概念

建筑模型是一种三维的立体模式，它介于平面纸与实际立体空间之间，把两者有机地联系在一起。建筑模型有助于设计创作的推敲，可以直观地体现设计意图，弥补图样在表现上的局限性。它既是设计师设计过程的一部分，同时也属于设计的一种表现形式，被广泛应用于建筑设计的各个阶段，并且在城市建设、房地产开发、商品房销售、设计投标与招商合作等方面均有贡献。

建筑模型是建筑设计及城市规划方案中不可缺少的组成部分。它以其特有的具象性表现出设计方案的空间效果。因此，在国内外建筑、规划或展览中，模型制作已成为一门独立的学科。

建筑模型是使用易于加工的材料依照建筑设计图样或设计构想，按缩小的比例制成的样品。它是在建筑设计中用以表现建筑物或建筑群的面貌和空间关系的一种手段。对于技术先进、功能复杂、艺术造型富于变化的现代建筑，尤其需要用模型进行设计创作和构思展示。

2. 建筑模型的发展

建筑模型历史悠久。我国古代建筑设计的方式，在公元7世纪初的隋朝就有了使用1%比例尺的图样和模型。但是由于史料缺乏，到目前为止，清代的"样式雷"图档是中国古代建筑史上少有的档案记载。

"样式雷"的"烫样"是流传至今的古代建筑设计模型，从中可以看出古代建筑模型已经发展得非常完善。所谓"烫样"，是指按照实物比例缩小、用草纸板、秫秸、油蜡和木料等材料加工制作的模型，因制作工艺中有一道熨烫工序，故称烫样。故宫收藏的83件烫样在当时主要是为呈给皇帝审阅而制作，因而形象逼真，数据准确，具有极高的历史价值。现存烫样主要是清代同治、光绪年间重建圆明园、颐和园、西苑等地时所做的设计模型。在清代皇家建筑设计御用班底的样式雷家族的妙手中，平面的设计图通过纸、秸秆、木头等最简单的材料组合变成立体微缩景观，这就制作出了比例精确、做工精细的"烫样"。

烫样的制作材料有草板纸、油蜡、水胶、木料、秫秸及沥粉等。其中，木料和秫秸用于搭作大木构架，沥粉用作屋面瓦陇等，其余部分多用板纸和油蜡、水胶粘制，表面均按建筑实物、质地、色彩细致绘饰。制作的工具主要有簇刀、剪子、毛笔、蜡版及小型烙铁。

从形式上看，样式雷烫样包括三种类型：一种是全分样，即组群建筑烫样，以多座单体建筑或山石水系组成院落或景区，表现的是建筑的总体布局和周围环境的整体规划。由于它注重的是大效果，因此在组群建筑中注重整体空间及单体建筑的外部形象，而简化了对内部状况的描绘；另一种是个样，即单座建筑烫样，它展示的是重要单体建筑自外到内的形制彩画、建筑尺寸及其主要构造层次，可逐层揭开观览，内部情况和设计意图一目了然；还有一种是细样，主要表现局部性的陈设装修，细节的描绘更是细腻逼真。

样式雷图档的存世证明了中国古代建筑决不完全是靠工匠的经验修建而成的，它充分说明了中国古代高超的建筑设计水平，也填补了中国古代建筑史研究的空白。

在古希腊和古罗马时代，通过一些文学作品中的描述，可以看出建筑模型也出现较早。现在公认最早的建筑模型是希罗多德在他的作品中描述的德尔斐神庙模型。利用模型推敲建筑设计成为一种重要的手段。在哥特时期布鲁乃列斯基为建造佛罗伦萨大教堂穹顶而制作的各种模型不仅帮助他赢得了设计项目，也在后期的修建中发挥了重要的作用。布鲁乃列斯基在三维空间里进行创作，有时做一些相当于实际尺寸1/12的建筑模型。他的木制穹顶模型和教堂后殿部分模型至今仍然保存完好。文艺复兴时期的罗马圣彼得大教堂设计方案的模型也是一件令人赞叹的建筑模型作品，至今完整地保存在梵蒂冈博物馆里。模型按照1/24的比例制成，花费了好几年时间，是安东尼奥·地·圣加洛为圣彼得大教堂设计的方案，虽然最终未被采用，但却给人类留下了宝贵的建筑模型资料。

通过绘画作品也可了解到当时建筑模型的重要作用，如米凯朗基罗为教皇保罗五世展示的圣彼得大教堂穹顶模型。从画面中可以看出，建筑模型制作工艺精巧，结构、细部造型清晰，是设计师与业主交流的重要手段。

18世纪中叶以后，模型教学迅速在一些新建的技术学院中发展起来。教师利用模型来指导学生推敲结构，分析建筑环境。那时候建筑模型的材料主要为木头、灰膏、卡纸、滑石粉等，许多大型公用建筑竞标项目同样要求必须提供建筑模型。

3. 建筑模型的作用与意义

建筑模型在建筑设计中发挥着重要作用，故制作建筑模型意义重大。建筑模型从出现就具有双重功能：一方面服务于建筑设计的创作过程，另一方面是一种与非专业人士交流的工具。

在建筑设计过程中，模型作为基本工具来表现设计思想与建筑造型。制作建筑模型可以落实设计者的构思思路，也可以推敲建筑的内部和外部空间、造型、结构、色彩、表面肌理及光线等。模型还可以推进设计过程，直接将三维空间完整地展现出来。尤其在建造复杂空间时，建筑模型的作用明显优于设计图，具有强烈的表达力。

模型是设计过程的一部分，设计者可以通过模型制作的推敲，表达出建筑设计的主题、功能、造型等。模型可以分为三个类别，分别对应设计的三个阶段。概念草图阶段对应构思模型，建筑设计阶段对应工作模型，建筑实施阶段对应展示模型。其中在建筑设计阶段，工作模型至关重要，具有设计思想推敲、设计造型表达、建筑材质选取等多重作用。

当设计深入发展时，建筑模型可以清晰地表达建筑空间关系，展示设计成果，为设计师和非专业人士提供交流平台，直观而详细。最终的展示模型也可用于商业展示或者纪念性展示。

建筑模型在设计教学中也发挥着重要作用。教师可以利用模型来辅助指导教学，如讲解复杂的空间关系时，模型展示直观而具体，学生可以一目了然地掌握学习重点。学生也可以通过模型制作来表达混沌不清的设计思路，传递设计思想，并且逐渐理清设计思路，表达出设计空间效果。学生可以通过纸片、橡皮泥、铁丝等简单的模型材料与工具，结合设计图，形成丰富的设计，传递建筑信息。

建筑模型还可以反映未建成的方案设计。如前面提到的安东尼奥·地·圣加洛的罗马圣彼得大教堂设计方案，虽然未被建成，但可以体现设计者的想法与成果，为后人研究提供宝贵资料。历史上有很多著名的建筑都采用了招标投标的形式来征集方案，虽然只能有一个方案最终落成，但是保留一些当时的设计模型可以展示出不同的设计者对于同一个建筑的不同思路，反映出不同的观点。尤其一些大师的设计模型，可以研究大师的设计成长经历，有助于进一步了解其设计风格的演变。

建筑模型可以保留已损毁的建筑记忆，为后人提供历史信息。随着时间的流逝，很多建筑可能遭受战火的洗劫、或者被大火烧毁、或者被拆毁等，那些优秀的建筑饱含了丰富的历史信息，反映了时代特色，是人类记忆的珍贵组成部分。由于种种原因，重建不太可能，而利用建筑模型将其复原，是一种非常好的手段。这样既可以留住当年的历史信息，又可以保持人们记忆的连续。

Chapter 第1章 01

建筑模型的分类

➲1.1　按照主要表现内容分类

按模型主要表现内容不同，可分为场景模型、建筑模型和室内模型。

（1）场景模型

场景模型，也可以称为背景模型，包括建筑物所处的地段环境、地形特征以及周围的建筑。场景模型包括地形的处理与塑造，如将等高线、周边地形的坡度、河流、道路等表现出来，根据地形模型可以分析拟建建筑的场地环境关系，分析日照、朝向、景观设计，也可以分析建筑与周边环境的尺度关系等。场景模型制作时，可以将拟建场地预留为空白，等建筑模型做好后，直接放置其中，使不同的方案得到展示。

做好场景模型可以在设计初期使人直观地感受到建筑物的规模、体量和周边环境间的关系。在设计进入后期后，展示模型会加入树木、人、场地设备、长凳、路灯、车辆，等等。场地铺装也会表达得更为细致，这可以更详尽地表达场景模型（图1-1）。

图1-1　场景模型

场景模型有时候也可表现出拟建建筑的周围建筑，可以研究与现有建筑的组合方式的关系。场景模型可以表现拟建场地及其相邻地段中的现有建筑，也可以扩大，包括一个区域地段的整体环境，如河流沿岸的景观设计、城市交通枢纽设计、城市中心花园设计等。

场景模型的比例尺通常用到的是1:500、1:1000、1:2500、1:5000。

（2）建筑模型

建筑模型，是最为常用的模型，可以表达建筑内部空间布局、建筑外部造型以及建筑的细部设计等。建筑模型重点表现的是建筑的主体空间、造型和构造细部。注重表现建筑外形的组合、空间功能和序列、材质和色彩以及光线塑造的效果等。建筑模型通常做成可以组合拆卸的，即各层楼面、屋顶可以拆开来观察。立面墙体也可以拆分开来或者做成透明材质，目的是更好地表现建筑内外空间的关系和特点。建筑模型还应注意入口处理、建筑立面造型、韵律、节点设计等。建筑模型是建筑设计过程中最有效且最频繁的模型辅助设计（图1-2）。

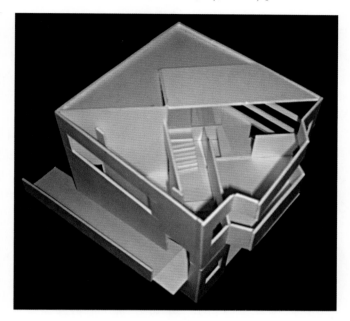

图 1-2　建筑模型

建筑模型的比例尺通常用到的是1∶100、1∶200、1∶300、1∶500。

（3）室内模型

室内模型一般用来研究室内的建筑空间设计，有时也探讨家具设计与空间的关系。在这些模型上限定了表现空间的边缘，但为了观察，通常保持敞开，可以是平面的敞开，可以是剖面的敞开，也可以采用透明材料来表达室内情况（图1-3）。室内模型使用各种手段获得观察内部空间的途径。屋顶可以去除，向下观察模型的内部，侧面墙体可以拿掉以获得水平入口，底面可以切割孔洞，使观察者能够看到空间内部。

室内空间设计的处理方法与建筑自身的设计方法非常相似。设计者应该意识到，一座建筑物的内部空间应该给予同外部形态一样的考虑。通过展开建筑物并"走入"空间之中，在三维状态下观察它，设计者可以产生许多设计思想。

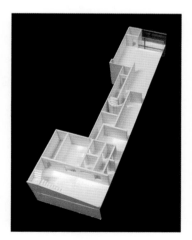

图 1-3　室内模型透明表达

室内模型常用较大的比例尺来制作，如1∶50、1∶20或者更大一些的比例尺。

1.2 按照建筑设计阶段分类

建筑模型按所处的设计阶段，可分为构思模型、工作模型和展示模型三大类。

（1）构思模型

构思模型是当设计构思还比较模糊的时候，利用各种简单材料完成的小尺度三维空间模型，具有方法简单、材料易加工、制作快速等特点。图1-4是某别墅设计构思，通过薄卡纸弯折而成。构思模型可以帮助设计者在设计初期，逐渐理清设计思路，提炼设计火花，捕捉灵感。构思模型是设计者方案初期的设计工具，也可作为回顾之用，当设计项目完成时，可以成为设计构思形成的依据。

图1-4 构思模型

构思模型采用简单的制作方式和易于改变的材料呈现出造型和空间关系，通过体块的组合，功能的分区，体量的对比等手法，表现出设计者最初的想法。很多设计大师的构思模型与实际建成作品非常相近，体现了他们对于功能、尺度、体量等良好的把握能力。

（2）工作模型

在方案设计和初步设计阶段的建筑模型称为工作模型，制作可根据设计过程的进展需求，简单或深入加工，并且便于加工和拆装。材料可用卡纸、玻璃、木材和泡沫塑料等。工作模型可以研究很多设计问题。如借助工作模型，设计者可以研究建筑和周边环境的关系，讨论建筑内外空间关系、分析建筑造型等。

工作模型又可以进一步细分为：分析模型和过程模型。

①分析模型。

分析模型是当构思模型初具形态时，设计者需要进一步深入分析和设计产生的。分析模型是根据各种影响设计的元素制作的，如结构、交通、日照、景观、人流、车流等。单独分析模型可以在建筑设计的初始阶段，用来研究建筑与地段、结构特点、空间关系等特性。这些模型可以是构思模型的延伸和分化，将与建筑有关的元素深入分析，得出适合设计条件的解答。分析模型也可以在建筑设计的深入阶段，分析设计方案的轴线序列、交通流线、功能分区等，进而深入表达设计思想。

分析模型可以通过各种手段来制作出侧重点不同的模型。例如常用点、线、面来分析建筑设计方案，用色彩、体块、材质来解剖模型，用暗含的几何图形来分解建筑等（图1-5）。

②过程模型。

过程模型可以有很多，构思模型成型后，可以继续制作不同深度的模型，用来推敲方案、深化设计（图1-6）。如通常所说的一草阶段、二草阶段、三草阶段，在每个设计阶段都可以制作相应的过程模型，用来不断推敲设计、完善方案。过程模型可以由简单到复杂慢慢发展，也可以针对某个局部做深化设计，如入口空间的模型，用来推敲建筑入口处的设计。也可以是建筑内部空间的详细设计，如公共大堂的设计，包含了室内空间的推敲，甚至室内设计。过程模型也可以侧重不同方面，如平面功能模型、建筑体量模型、建筑表皮设计模型等。

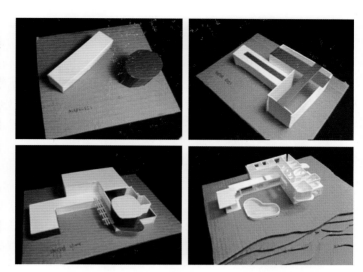

图1-5　分析模型

图1-6　过程模型

过程模型可以用一种单一的材质来表达，比如泡沫塑料或者卡纸等。这种抽象的处理方法可以突出表现建筑方案的设计思路，并且可以按照各种方式观察理解。在这样的模型中，会使用白色或者淡颜色的材料。

过程模型除了设计者自己推敲设计以外，还是与客户交流的好工具。可以利用过程模型制定进一步设计决策，与客户充分交流，有时候有些客户不能完全领悟到图样本身所表达的设计思路，而模型却能很好地表达设计中的含义。

图1-7 展示模型

（3）展示模型

在完成初步设计后，可以制作较精致的模型——展示模型，供审定设计方案之用。展示模型不仅要求表现建筑物接近真实的比例、造型、色彩、质感和规划的环境，还可揭示重点建筑房间的内部空间、室内陈设和结构、构造等。展示模型一般用木板、胶合板、塑料板、有机玻璃和金属薄板等材料制成（图1-7）。模型的制作务求达到表现设计创作的立意和构思。

展示模型是用来描述设计完成时的模型，注重精巧的制作手艺。展示模型一般会用精致的做工和丰富的材质来充分表现建筑。注重模仿设计方案建成后的实际效果。也可以以某种材质为主，着重突出体量、空间等。

1.3 按照重点表达内容分类

（1）结构模型

结构模型主要是表达建筑主体结构和构件间连接关系的模型，有助于表现空间框架和结构体系的关系，也可以说明各个构件之间的关系。梁的确切位置、负荷的传递以及其他技术性考虑均可以通过这种模型而确定。当建造大比例模型的时候，结构模型可以用来研究复杂连接的细节设计。同时，结构模型可以用来研究创新性的设计，通过模型再现，将细节传达给设计者，对负荷特征进行测试（图1-8）。

（2）立面模型

建筑的立面模型是设计中重要的环节，当设计深入进行时，需要建立建筑物的立面模型，用以表达建筑造型、材质、细部划分等具体的设计。建筑立面模型可以精细制作出每一个细部，逼真地表达该项目中的一角一线、一点一面，墙面材质质感、窗玻璃、窗框、栏杆、阳台、构

图1-8 结构模型

架等外立面结构将被真实体现出来。颜色表现逼真，高雅，层次分明，整体效果和谐，充分突出其独有的风格（图1-9）。

在城市街道的背景下，为了营造出浓厚的商业氛围和完美的生活配套，商业内部由层板划分功能格局，并且根据商业业态表现需求，运用造型新颖、精致逼真的商业小品真实表现，外立面装饰时尚广告画，并制作广告灯箱，彰显商业气氛。

图1-9　立面模型

（3）剖面模型

剖面模型是在做建筑设计时研究垂直的空间关系的模型。它在一个有启示性的地方通过切割建筑物而成。通常在交叉点处进行切割，在这里许多复杂的关系会相互影响，而且根据需要，可以在一个角上进行连续或切割。剖面模型对于研究复杂的空间关系非常有效，而二维方法却很难直观地将它显现出来（图1-10）。剖面模型也展示了内部空间，但更注重垂直方向的空间关系。而室内模型通常表现的是某个大型空间的室内设计。

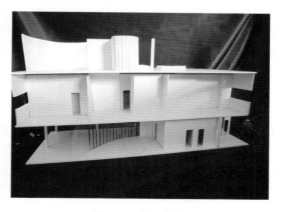

图1-10　剖面模型

（4）节点模型

节点模型可以探索建筑物内部和外部的细节，例如外墙构造做法、窗子的处理、栏杆和招牌等。这些模型是建筑模型的补充，更为详尽的推敲并展示了建筑细部设计，按照更大的比例尺进行制作，产生精细的效果。节点模型也可以分析结构受力的构造方法（图1-11）。节点模型在解决设计构思和建筑细节，以及便于和客户交流等方面都具有很大的帮助作用。

图1-11　节点模型

1.4　按照制作材料分类

　　按照模型制作的材料，可以分为黏土模型、油泥模型、石膏模型、纸板模型、塑料模型、木质模型、金属模型、综合模型等，而在建筑模型中通常使用的是纸板模型、木质模型和综合模型。

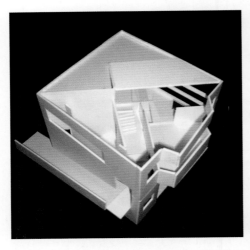

图1-12　纸板模型

（1）纸板模型

　　纸板是一种常用的制作建筑模型的材料。纸板品种很多，主要品种有五十多种，制作模型应用最多的有卡板、瓦楞纸板、夹芯板、复合材料板等。纸板加工方便，连接便捷，因此特别适用于设计的初期构思阶段（图1-12）。

（2）木质模型

　　建筑模型常用木材来制作，如木板、木棍、木条等。使用的木材一般都是经过二次加工后的原木材和人造板材。人造板材常有胶合板、刨花板、细木工板、中密度纤维板等。木材具有加工方便、板材型号多样等优点，因此常在建筑及家具的模型制作中使用（图1-13）。

图1-13　木质模型

（3）综合模型

模型在制作时选用的有时不单单是一种材料，也可能是两种或两种以上的材料，经过综合加工制作而成。通常建筑模型以一种材料为主，其他材料局部使用，这样制作的模型，整体感较好，后期的装饰处理也方便（图1-14）。例如一座综合性的建筑，立面以玻璃幕墙为主，因此制作模型时，用有机玻璃作为主要材质，局部用木材或金属等材质加工，以表现细部，效果很好。还可以使用一些其他材料，如玻璃钢、泡沫等。

图1-14　综合模型

C hapter
第2章
02

建筑模型的使用材料

　　通过模型来表达建筑设计的概念时，首先需要了解相关材料的性质、用途和使用方法。材料的种类多样，使用方法各异。对材料性质的挖掘，有利于模型的展现，更好地服务于设计。本章将介绍常见的建筑模型材料，从而认知材料的材料属性、加工方法和表现形式。

制作建筑模型的材料没有种类的限制，可以使用各种材料用于设计表达。既可以使用单一材料表现设计的纯粹性，也可以使用多种材料混合模拟作品的真实性。模型材料的选取主要取决于建筑模型的用途。在设计的各个阶段，模型作用不一，扮演着不同的角色，选用适宜材料有利于满足设计的概念和需求。例如在设计初期，主要考虑设计概念生成，设计者的关注点在于设计形体关系、周围环境关系等方面，需要快速制作成型，并且考虑体型的组合，适合使用纸板、泡沫塑料等能够快速制作表现体量关系的材料。此外，制作加工条件、模型的比例、制作者的经验和喜好也决定了模型材料的选择。

模型制作的材料多种多样、千变万化。材料在表达设计概念时分为两种情况：一种表现建筑内部的结构连接关系，另一种侧重于表现建筑外观特征。模型制作预见性地表达了作品真实实现的情况。一般来说，建筑模型材料应当具备一些基本特点，如易于加工、易于拼接、能够快捷修改，并具有一定的耐久性，不易褪色，有一定的强度等特征。

设计者应该仔细地研究模型材料，选择合适的模型材料表现设计效果。材料选择与个人的审美与经验有一定的关系，初学者以模仿与学习为主，随着不断的实践和探索，总结出材料的使用与表达特性，形成特有的模型风格和表现语言。

另一方面，制作模型的成本和加工条件限制了模型材料选择。一般而言，价廉的材料和简单的加工方法所形成的模型，表现效果有限，例如用裁纸刀来切割纸板制作的体块模型，由于加工的不确定性以及材料本身的硬度较差，导致粘接处有一定误差，降低了模型精度。通过专用加工设备能准确加工材料，易于表现精致的细节，表达完整的模型效果，常用的加工方式采用激光雕刻机来加工密度板材，木工辅助机械工具制作实木模型等。因此，需要根据模型的用途、制作费用和加工条件来选择合适的模型材料。

2.1 纸质类材料

纸质材料是一种最容易获取的模型材料，是模型制最长用的材料。各种各样的纸，包括复印纸、卡纸、卡板、瓦楞纸等，在设计各阶段得到了广泛的应用。纸的品种、规格多样，色彩丰富，并且有不同的肌理特征，能够适应设计的各个阶段对模型表达的需要。纸质类材料，物美价廉，表面质地均匀，材料密度较低，有一定肌理层次，上手快、表现力强，是一类基础模型材料。但其缺点是材料物理性能较差、强度低、吸湿性强、易受潮变形，在建筑模型制作粘接过程中易发生形变。纸类材料常见的加工方法主要是弯折与切割，容易加工，使用方便。

纸是中国古代大四发明之一。纸的种类规格繁多。按生产方式分为手工纸和机制纸。手工纸是传统加工方式制作而成的，主要以青檀皮或水稻草杆等为原料，加草木灰经过蒸煮、炼白、制浆、晾晒等一系列工艺制成。质地松软，吸水力强。宣纸是现存使用最多的手工纸，多用于书写和绘画。机制纸是指机械化方式制成的纸张。用机械与化学的方法将植物纤维原料制浆，添加各种辅料，经造纸机制成。按用途可分为印刷纸、包装纸、技术用纸、生活用纸、办公文化用纸、加工原纸以及特种纸等。按照纸张的厚薄和重量，可以分为纸和纸板。纸张常用单位面积的质量来区别，拷贝纸是 $25g/m^2$，复印纸是 $70 \sim 80g/m^2$，打印相纸常用 $120 \sim 150g/m^2$。一般以每平方米质量在 200g 之下的称为纸，超过 200g 的称为纸板，两者尚没有严格的区分界限。纸板主要用于商品包装，如箱纸板、包装用纸板等，是一种常用的重要模型材料。

在模型中常用到的纸质材料主要有以下几种。

图 2-1　复印纸

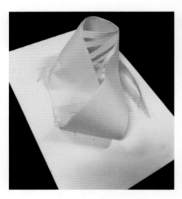

图 2-2　复印纸快速制作模型

（1）复印纸

复印纸是一种常用复印与打印的纸张（图 2-1）。质地较薄，有一定的挺度，有较好的平滑度和光泽度，可以作为速写之用。模型上主要用于快速表达设计概念的初期，或者与其他材料来表现局部特征。复印纸以白色为主，也可以为彩色。常用规格为 A3、A4、B5。这种纸可以通过手绘或打印图案，经过折叠粘贴形成体块模型。配合专门软件，如专门软件可将立体模型转化成平面展开图样，编辑形成各种图线，直接将图样打印后折叠粘接成型。另外，由于复印纸有一定的挺度与柔软度，可以直接弯成曲面，能快速表达设计想法。图 2-2 所示模型，采用黄色复印纸，直接弯曲塑成曲面，把莫比乌斯环连续成面的特征准确而快速地表现出来。

（2）拷贝纸

很薄，$25g/m^2$ 左右，呈半透明状（图 2-3）。表观细腻平整，光滑，易破损，多用于设计表达绘制草图。常见的拷贝纸分为两种。一种是单张纸类，尺寸 A0 或 A1 大小，一般为白色；另一种卷纸类，有白色和黄色两种，常用红环、砖石等品牌（图 2-4）。拷贝纸主要用于模型制作的辅助工作，可以在其他材料上进行尺寸定位，在设计早期，还可以在拷贝纸上绘制草图当作底图，在上面放置体块推敲建筑的体量。

（3）绘图纸

质地紧密，大约在 $80 \sim 200g/m^2$，表面经过胶处理，较光滑，有一定的厚度，具有一定的耐磨耐

小提示

利用拷贝纸柔软可塑特性，还可以用来制作树木等模型配景。

擦性，适合于绘图或打印图纸（图 2-5）。常见规格从 A0 ~ A4，通常为白色，少量有黑色和灰色。由于绘图纸有一定的硬度，可以立起成型，快速制作模型。需

注意的是，单面尺寸不宜过高、过大，否则容易发生形变。此外，绘图纸还可以用来绘制图案后粘贴在模型骨架上，绘制或打印总平面图后作为模型的底图来使用。

图2-3　拷贝纸

图2-4　卷筒拷贝纸

图2-5　绘图纸

（4）卡纸与卡纸板

各种厚度的卡纸是模型制作的常用材料，特别是在设计前期阶段，卡纸模型是使用最多的。重量在 $120g/m^2$ 以上的纸常称为卡纸，薄一些的卡纸常用重量来衡量，厚一些卡纸常用厚度来标识，厚度从零点几毫米到几个毫米之间，厚卡纸有时也被称为卡板（图2-6）。卡纸经常用在印刷和包装领域，尺寸规格多样，有全开（787mm×1092mm）、对开（545mm×787mm），较小的有 A3、A4 规格。卡纸的种类非常丰富，各种颜色和图案纹理的卡纸均有。卡纸一般使用裁纸刀来加工，在卡纸上绘制模型的展开图，用裁纸刀切割成合适的组件，再粘接成型。在制作较厚的物体时，如果一层卡纸的厚度不够，经常会将几层卡纸叠在一起粘接到需要的厚度。

（5）瓦楞纸

模型制作常用材料之一。瓦楞纸由挂面纸加工呈波形，形似瓦状而得名（图2-7）。制作简易，能回收并循环使用。瓦楞纸板是多层纸片粘合而成，它由波浪形芯纸夹层（俗称"坑张"或"瓦楞芯纸"）和平纸板（俗称"牛皮卡"）间隔构成，两个外表面一般是面层纸。按照层数和单层厚度分成各种规格，常用的有单层、双层和三层，厚度 2～10mm。瓦楞

> **小提示**
>
> 由于卡纸有一定厚度，在制作各个部分配件时，应考虑粘接时预留厚度，才能较完整制作形体，减少相对误差。

图2-6　卡纸板

> **小提示**
>
> 瓦楞纸板由于是采用波形板粘合而成的，因此纸板有一定的方向性。顺纹和横纹剪裁所产生的效果不同。

17

图 2-7 瓦楞纸

纸板常用的颜色有棕色和白色等，常用于包装箱。瓦楞纸板有一定的自重，并有较高的强度，承重能力好，变形小，易于加工，价格低廉，能体现建筑材料的重量感，也可以模拟呈现相应节点构造，适用于制作建筑体量模型，制作场地地形，也可以用于墙体和屋面的表达。加工工具常用裁纸刀进行切割造型。连接处理上，除了自身穿插相接外，还可以借助其他材料进行连接。图 2-8 采用的是瓦楞纸板运用自身厚度，穿插相连。图 2-9 利用螺栓进行栓接。图 2-10 利用塑料拉锁进行连接。

图 2-8 利用自身厚度插接

图 2-9 利用螺栓连接

图 2-10 利用塑料拉锁连接

（6）夹芯纸板

夹芯纸板通常是由两层面层之间加上一层其他材料构成的，面层用纸或塑料材料，中间层常用泡沫塑料等多孔轻质材料（图 2-11）。与卡纸或厚纸板相比，夹芯板重量轻、强度较大，硬度小，便于切割加工。严格地讲，很多这种夹芯板已经没有纸的成分了，但是使用方式还是和纸板类似，也可以把它当作纸板的一种。模型常用的夹芯纸板是 KT 板，由 PS 颗粒发泡为芯，表面压合而成。KT 板常用厚度在 1～10mm，能够自立，重量很轻，但质地疏松，不利于表现细节，大都用来制作工作模型。加工工具常用裁纸刀进行切割，需注意的是，由于板芯松软，切割容易留下不整齐的痕迹，因此裁纸刀应有一定的锐度，切割也应均匀用力快速完成。KT 板连接时，不能采用有机类粘接剂，可选双面胶带粘接或者用大头针钉接。

（7）材质纸

材质纸是把模型中常用的一些材料模拟印刷在纸上，然后贴在模型上，使模型更加逼真，材质纸有模拟外墙砖、石材的，也有模拟地砖、拼花、石材的，种类非常多（图2-12）。材质纸有卷状的，也有 A3、A4 规格的，有各种比例的图案可供选择，主要品种有砖墙、石材、木材、地砖等。材质纸用胶粘贴在基层上，有些纸还自带有背胶，能直接贴在模型基本材料上，使用很方便。

图 2-11　KT 板

图 2-12　仿石材纹理纸

2.2　木质类材料

　　木质类材料（以下简称木材）是由植物树木提供的木质化组织。木材因容易获取和加工，是广泛采用的建筑材料，特别在我国古代，建筑对木材有着精湛的加工与应用技术。按照材质硬度，木材可以分为软材和硬材；按照树木种类，木材可以分为针叶树材和阔叶树材；按照使用情况，木材可以分为原木、板材和枋材。其中，常见的针叶树材有杉木和松木等，阔叶树材有水曲柳、杨木、楠木和桦木等。

　　木质材料是一种常用的模型材料，不仅可以用于表达真实的材料质感，而且还可以用于模型的指代表现。木质材料源于天然材料的再加工，质轻高强，有良好的触觉特性，具有可塑性，易加工成型，并具有天然纹理，具有良好的装饰性。其缺点是易燃、易朽且易受虫害影响，有一定的天然缺陷，并会出现裂纹和弯曲变形等情况。使用本色木材制作的模型看起来十分精致，显得稳重含蓄，更容易表达设计的构思和意境，深受建筑师的喜爱。特别是在公共建筑和大尺度的规划中，常使用单一的本色木质材料模型制作。用于模型中的木质材料既有未加工的实木原料，也有加工成各种各样的复合板材。

在模型中常用到的木质材料主要有以下几种。
（1）实木材料
由原木切割加工而成，具有木材本身的色泽和自然纹理（图2-13）。用于模型

图 2-13　实木材料

制作的木材种类多样，常使用的有松木、杉木、桦木、榆木、橡木、水曲柳以及硬杂木等。各种形态实木材料易获取，未加工原木、板材、木方、刨光的规格板和木条、木线脚等都可以用于制作模型，采购时尽量选择加工好的材料，减少后期的工作。木材的硬度、加工方法和变形特点各不相同，在选择木材品种的时候需要特别注意。木材的加工主要使用锯、刨、磨等方法，既可以使用机械加工，也可用手工工具。制作模型时，要准备适合于加工小型构件的工具。木材具有天然的颜色，深浅各不相同，使用本色木材制作模型，表达适当肌理，有时候原色木材不能满足要求时可在表面上色，使用擦色清漆可以保留木材的纹理，调和漆会覆盖木材肌理特征，使用水性漆污染少较环保，也可以取得亚光的表面效果。

（2）木制板材

除了木材本身外，很多由木材加工成的板材也是制作模型的重要材料。与木材相比，板材经常会有更好的性能或更低的价格。板材种类繁多，大多以规格板的形式出现，尺寸在 $1m \times 2m$ 左右，可以很方便地在建材商店买到。常用的有以下几类。

①细木工板

又称大芯板，是一种特殊的夹芯胶合板，由两片单板中间粘压拼接木板而成，中间木板厚度相同，长度不一的木条平行排列，并紧密拼接而成，一般为五层结构（图 2-14）。新型大芯板也有采用企口将内芯压实的方式。常用规格为16～20mm，一般按整张购买。大芯板强度较好，价格便宜，经常用来制作模型的底板或者大型模型的骨架。大芯板表面粗糙，可以粘贴各种其他贴面材料。

②胶合板

胶合板是由木段旋切成单板或由木方刨切成薄木，再用胶黏剂胶合而成的三层或多层的板状材料，由于相邻层单板的纤维方向互相垂直，并且对称布置，因此胶合板通常为奇数单层板（图 2-15）。胶合板大体上克服了木材缺陷，改善和提高了木材的物理力学性能，常用厚度在 1～8mm。胶合板的表面可以粘贴天然木质贴面，形成具有一定肌理效果的板材，称为装饰单板，常用于建筑装饰工程中。

图 2-14　大芯板　　　　　　　　　　图 2-15　胶合板

③指接板

属于实木板，由多块木板拼接而成，上下不再粘压夹板，由于竖向木板间采用锯齿状接口，类似两手手指交叉对接，故称指接板（图 2-16）。指接板上下无须粘贴夹板，用胶量大大减少，比较环保。指接板既可以保持实木的花纹，又能避免疤眼，同时价格也比较便宜。指接板一般用松木或杉木制作，也有一些由硬木如水曲柳等制作而成。

④密度板

密度板也称纤维板，是以木质粉末或其他植物纤维为原料，经分离、成型、干燥、胶合制成的人造板材（图 2-17）。按其密度的不同，分为高密度板、中密度板和低密度板。密度板板面平滑、材质细密、结构均匀、耐腐防虫，板材表面装饰性好，但缺点是防潮性较差、握钉力较差。模型制作中常用中密度板，密度板厚度为 2.0 ~ 25mm。密度板单位重量比较大，形状稳定，不易变形，常用来制作底板和基层材料。密度板通常为棕黄色，通常喷漆或粘贴贴面板使用，表面颜色附着性好，可以使用各种油漆。

⑤航模木板与木条

它是一种质地非常轻的木材，其木质松软，易于上色。可以是板状，厚度 1.0 ~ 12mm 不等；也可以为条状，截面也有相关尺寸（图 2-18）。木板加工方便，可以直接用裁纸刀直接加工，是建筑方案推敲常用的材料。

小提示

挑选指接板时，可以观察芯材年轮，年轮大树龄长。此外，从齿印上，以选择暗齿连接板为好。

小提示

挑选密度板时，可用手触摸板材表面，应有光滑的感觉。表面平整度要高，并且有一定的韧性，较硬的板子质量不高。

小提示

挑选航模木板时，应注意板面质地均匀，避免鼓泡。

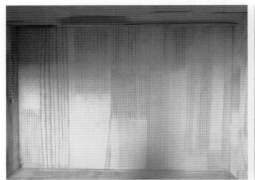

图 2-16　指接板

图 2-17　密度板

a)

b)

图 2-18　航模木板与木条

2.3　塑料类材料

塑料是一种重要的有机合成高分子复合材料，由许多材料配置而成，高分子聚合物是其主要成分。此外，还可以添加各种辅料，改善塑料的性能。按照使用特性，塑料可以分为通用塑料、工程塑料和特种塑料。通用塑料常见的有聚乙烯（PE）、聚丙烯（PP）、聚氯乙烯（PVC）、聚苯乙烯（PS）和 ABS 五种类型。按照理化特性，塑料可以分为热固性塑料和热塑性塑料。PE、PP、PS 等都属于热塑性塑料。

按照加工成型方法，塑料可以分为膜压、层压、挤出和吹塑等几种类型。塑料具有光泽，呈透明或半透明状态，防水质轻，在材料强度、耐久性、加工性能等方面在模型制作上有突出优势。塑料类材料适合制作各个阶段的模型，在设计前期，可用泡沫塑料制作表现体块模型，后期可以用 ABS 板等材料，经过裁切拼接制作精细模型。

在模型中常用到的塑料类材料主要有以下几种。

（1） ABS

全名为丙烯腈-丁二烯-苯乙烯共聚物，简称 ABS，又称工程塑料，是目前产量最大、应用最广泛的一种塑料。ABS 板材具有良好的物理与化学性能。稳定性好、机械强度高、耐腐蚀性好、吸水性低、无毒无味等特性。

ABS 性能决定了其是一种广泛使用的模型材料。可以通过各种方式的加工，制作从体块划分到细节表达的各阶段模型。ABS 通常会加工成各种形式，模型中常用的有 ABS 板（图2-19）、ABS 管（图2-20）和 ABS 棒（图2-21）等。在专业的模型制作公司，ABS 板是最主要的模型制作材料之一，板材主要规格有 0.5mm、1mm、2mm、3mm、4mm 和 5mm 等。ABS 管主要分为方管和圆管，规格有 4mm、5mm、6mm、8mm 和 10mm 等。ABS 棒主要分为方棒和圆棒，规格有 1mm、2mm、3mm、4mm 和 5mm 等。常用的 ABS 板材颜色一般为白色，也有灰色及其他颜色。因为 ABS 具有着色性，因此在制作模型时，采用单色制作骨架，完成后再进行喷漆着色处理。

图 2-19　ABS 板　　　　图 2-20　ABS 管　　　　图 2-21　ABS 棒

ABS 材料硬度比较大，手工加工困难，板材主要用雕刻机加工，管材和棒材使用锯和刀来切割。由计算机控制的雕刻机切割 ABS 板制作模型的基本骨架，打磨后喷漆上色，是大多数商业展示模型的制作方式。

（2） 硬质泡沫塑料

硬质泡沫塑料价格便宜，容易加工，也是一种常用的模型材料（图2-22）。硬

图 2-22 硬质泡沫塑料

质泡沫塑料是一种很轻的材料，密度大约在 $12 \sim 30\text{kg/m}^3$，传热系数低，主要用做保温材料。在概念设计阶段，硬质泡沫塑料是一种很好的材料，可以方便地切割成各种体量的体块，用来推敲建筑体量或建筑群之间的关系。模型中常用的泡沫塑料主要有 EPS（发泡聚苯板）和 XPS（挤塑聚苯板）两种。EPS 板是由含有挥发性液体发泡剂的可发性聚苯乙烯珠粒，经加热预发后在模具中加热成型的白色物体，其有微细闭孔的结构特点，结构比较疏松，靠聚苯乙烯颗粒之间的挤压粘接在一起，强度较低，受压后容易变形，吸水率较高，着色性差。XPS 是以聚苯乙烯树脂为原料加上其他的原辅料与聚合物，通过加热混合同时注入催化剂，然后挤塑压出成型而制造的硬质泡沫塑料板，具有完美的闭孔蜂窝结构，强度较高，吸水性极低，着色性不佳。

硬质泡沫塑料重量轻，但是有很好的加工成型能力，可以进行比较准确的切割，一般使用电热切割机或锯、刀加工，使用电热切割机更容易控制尺寸。一般来说，EPS 更容易加工一些，但尺寸控制能力更差，XPS 更硬一些，容易制作规则的体块，甚至可以使用机械加工。在切割成体块之后，泡沫塑料的表面会比较粗糙，使用水性涂料或油漆上色效果不好，多数时候利用泡沫塑料的本色，EPS 是白色，XPS 有灰色、蓝色、绿色和粉红色等颜色。

（3）有机玻璃

又称为亚克力，是一种高分子透明材料，化学名称为聚甲基丙烯酸甲酯，属于热塑性塑料。按照外形，有机玻璃可以分为无色透明、有色透明、珠光和压花有机玻璃（图 2-23）。有机玻璃有一定的耐久性、耐燃性、耐候性，强度较大，具有高度透光性，色彩多样，具有良好的视觉效果和美观性。有机玻璃是一种基本的建筑材料，主要用于采光窗、天井窗、屋顶面等。其材料挺拔，表现力强，整体效果突出，也是一种常用的模型制作材料。在大尺度的规划设计模型，楼板展示模型中，展示还未建成或者环境中其他建筑物。有机玻璃硬度很大，如果没有专用工具很难加工，需要借助工具进行加工。加工方法上，不但能用车床进行切削、钻床进行钻孔，而且可用化学粘接制成各种形状的器具，还能通过吹塑、注射、挤出等塑料成型的方法加工制作各种体块模型。有机玻璃薄板常用激光切割机进行

图 2-23 有机玻璃板

加工，尺寸控制极为准确。人工使用刀或锯切割，相对而言裁割板面不会出现挺拔棱角，精致性降低。有机玻璃表面硬度不大，容易被划伤，在运输加工时会用一层保护纸贴在上面，完成以后将保护纸撕去，表面硬度小使得有机玻璃表面经过打磨以后，会出现乳白色半透明状磨砂效果，还可以雕刻各种纹理，也可以喷漆上色。

（4）PVC

聚氯乙烯，是一种广泛使用的塑料材料（图2-24）。PVC 是一种重要的建筑材料，多用于门窗、管道等方面。新型改性 PVC 材料，可以替代钢材和木材。PVC 材料强度适中，稳定性好，不易受酸碱腐蚀。模型中主要使用的是透明 PVC 板，用来制作门窗等透明构件。透明 PVC 板表面有光泽，平整光滑，不易受温、湿度影响，并有良好的化学性能及耐磨性。厚度一般在 0.1～1mm，可以方便地用刀切割成各种形状，粘贴在模型骨架上模拟玻璃等透明材料。

图 2-24　PVC 板

⤷2.4　金属类材料

金属不是一种模型制作的主要材料，使用金属作为主材的模型较少，但经常会以辅助材料出现在模型中。与纸板、塑料这些材料不同，金属材料具有耀眼的光泽，明亮的质感，带给人们不一样的感受，各式各样的金属为模型带来了活跃气氛。模型中常用的金属有钢铁、铜、铝、锡等材料，加工成金属丝、金属板、金属网等形状。金属具有良好的韧性和强度，能够适应各种方法的加工，既可以使用手工工具弯折成各种形状，也可以使用机械工具进行钻、铣、冲等加工。金属能够进行精细加工，经常用来制作小尺寸的模型构件。

金属丝（金属网）和金属板是常用的两种形态，模型制作使用的规格较小，金属丝在几毫米以内（图2-25），金属板常使用 1mm 以下的板材。模型中的金属大部分使用手工工具就可以进行加工，金属丝常用来制作一些抽象和异型的物体，例如雕塑、拉接件等。图 2-26 是金属网形成的概念方案。金属板用来模仿铝板、铜板等建筑外墙。近年来，数控加工技术突飞猛进，金属制作的实体足尺模型不断出现，图 2-27 是 2016 年同济大学借助机器人进行的金属弯折设计模型。

小提示

由于金属网是由铁丝搭接而成，将单一线性材料转化为了面状材料，因此可以巧妙使用，形成线面结合组合体。

图 2-25　金属丝　　　　　　图 2-26　金属网表达方案　　　图 2-27　金属弯折模型

金属制品常用连接方法是机械扭接和焊接。机械扭接较为简单常用，使用手工工具就能完成，但复杂一些的机械连接需要专用的工具。焊接是常用的连接方式，高温电焊需要焊机和焊条，要由专业的技术人员来操作。在模型制作中可以使用低温焊接的方式，用电烙铁和焊锡就可以进行，但是强度较低，受力不能过大。

金属本身具有光泽，将表面打磨抛光处理后，就会展示出迷人的效果。金属易受到酸性液体腐蚀，腐蚀后的金属表面暗淡无光，所以使用金属的时候一定要注意保护表面不受腐蚀。当然，腐蚀也不完全是一件坏事，可以利用其来进行表面雕刻花纹。

如果不满足于金属自身的表面光泽和色彩，金属表面还可以方便地进行喷涂处理，把金属进行除锈、去油脂、打磨之后，可以喷刷上各种油漆。如果准备长期保存钢铁制品，最好在表面刷上防锈底漆，否则很快就会长满锈斑。有色金属除了喷漆外还可以使用电化学方式进行表面处理，例如表面阳极氧化等，钢铁表面也可以电镀锌、镍、铜等，不过这些需要由专业工厂加工制作。

⊃2.5　玻璃类材料

玻璃是常见的建筑材料，常用的有普通平板玻璃、钢化玻璃、磨砂玻璃、中空玻璃和 Low-e 玻璃等（图 2-28）。一般而言，玻璃很少出现在模型制作中，除非是为了表现一些特殊的效果。玻璃是一种透明的硅酸盐材料，质脆且硬，加热后可以吹成各种形状，常见的有平板玻璃、玻璃杯（瓶）、玻璃工艺品等。玻璃的加工性很差，成型后便不会改变形状，一般只能使用玻璃刀（金刚石刀头）进行直线加工，想在玻璃上画弧线和圆需要非常高的专业技巧。使用玻璃时需要特别小心，没有经过处理的普通玻璃破碎后有很多锋利的棱角。玻璃

图 2-28　毛玻璃

钢化经处理后，破碎没有棱角，很安全，但是一定要等切割成型以后再去钢化处理，钢化以后的玻璃不能再进行切割了。由于使用加工性不佳，而且重量大，因此需要模拟玻璃的地方经常用有机玻璃、透明 PVC 板来代替，玻璃也就很少在模型中使用了。

2.6 其他类材料

（1）石膏粉

粉状的生石膏加水后和成泥状，可以用来造型，干燥后又会结晶变硬，形成石膏制品（图 2-29）。石膏制作过程和建筑混凝土的浇灌过程类似，可以体会建造的实际过程。石膏制品质地细腻，有一定的体量感，成型后可通过打磨进行加工与修补，易于长期保存。石膏色白，有一定的纯粹性，价格经济，适用于制作模型。

小提示

　　购买石膏粉时，需要注意粉末应均匀光滑，建议买齿科专用石膏粉，杂质少、成品白。

（2）黏土

黏土是泥土的一种，具有一定的粘合性，可塑性极强，在塑造过程中可以反复修改，任意调整，修、刮、填、补都比较方便（图 2-30）。黏土材料来源广泛，取材方便，价格低廉，质地细腻，还可以重复使用，是一种比较理想的造型材料。但是如果黏土中的水分失去过多则容易使黏土模型出现收缩，龟裂甚至产生断裂现象，不利于长期保存。另外，在黏土模型表面上进行效果处理的方法也不是很多，制作模型时一定要选用含砂量少的黏土，在使用前要反复加工，把泥和熟，使用起来才方便。

小提示

　　黏土较重，制作大型模型时需要制作骨架支撑，否则容易塌陷。

图 2-29　石膏粉

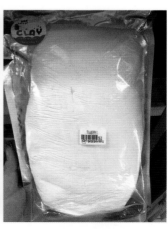

图 2-30　轻质黏土

（3）油泥

油泥的材料主要成分有滑石粉、凡士林、工业用蜡等（图2-31）。油泥可塑性强，黏性、韧性比黏土模型强。它在塑造时使用方便，成型过程中可随意雕塑、修整，成型后不易干裂，可反复使用，表面不易开裂并可以收光和刮腻后打磨涂饰，适宜制作一些小巧、异型和曲面较多的模型。

模型制作中，如果遇到不规则的异型体时，例如山坡、雕塑、不规则曲线的建筑等，油泥、黏土、石膏也可以做成各种形状，干燥后倒模使用，作为软性的泥状材料来制作。

（4）自然材料

模型制作中有时也会用到一些自然材料，例如砂、石子、树枝等模拟自然环境，这些材料真实自然，表现效果逼真（图2-32）。模型制作者需要培养自身丰富的观察力，在自然界中为模型选择合适的代用品，精心选择的自然材料往往会达到意想不到的效果。

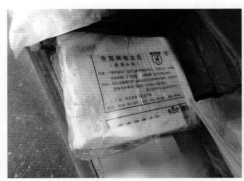 

图2-31　油泥　　　　　　　　　　　　图2-32　自然材料石子

2.7　粘接类材料

模型制作中需要将各部分组件连接起来，胶黏剂是必不可少的一种辅助材料，可以将同质或异质的材料粘接在一起。胶黏剂种类繁多，选用时主要考虑被粘物的材质、温度与湿度、粘接平面尺寸形式、粘接操作方法等，并尽量选用环保无毒的粘接材料。材料和胶黏剂之间的接触面越紧密，粘接的附着力就越好，持久性越高。因此，在粘接之前，粘接表面需要清理干净，除去杂质，以保证粘接效果。此外，还可以通过打磨来增加粘接表面粗糙度，以提高粘附能力。

常用的模型胶黏剂有以下几类。

（1）白乳胶

目前使用广泛的一种粘合剂，水溶性环保胶，呈白色稠厚液体（图2-33）。白乳胶有良好的性能，在常温条件下便可固化，速度较快，粘接效果好，使用安全无毒，因此广泛应用在木材、纸张和纤维物粘接方面。其缺点是耐水性和耐湿性差。粘接操作时，使用温度不得低于7℃。将粘接表面清理干净，去除表面杂质与污物，把乳胶均匀地涂在胶合面上，不易过厚，待液面微干时将两面合拢施压，直至完全粘合。

（2）UHU 胶

其主要成分是乙酸甲酯、丙酮，透明无色胶状体，无毒无味，粘接附着力好，并且粘合时间短，可粘接纸张、木材、金属、皮革等材质，是现在模型制作中的主要胶接剂（图 2-34）。常见可购买到的 UHU 胶，黄色铝管包装。

（3）502 胶

α-氰基丙烯酸乙酯为主的一种快速粘接剂，无色透明、低黏度、不可燃、单一成分、无溶剂，稍有刺激味，易挥发，挥发气具弱催泪性（图 2-35）。502 胶粘接强度高，粘接不变质，使用方便，广泛用于钢铁、有色金属、非金属陶瓷、玻璃、木材等各种材质的粘合。

在操作时，先应清洁结合面、除净油污，然后涂胶量要适中，胶接结合并适当施力加压，直至粘牢。一般而言，粘着迅速，并在 24h 达到最大粘接强度。

图 2-33　白乳胶

图 2-34　UHU 胶

图 2-35　502 胶

（4）喷胶

它是指将粘性胶体均匀喷洒在粘接面上完成粘合。由于使用气雾罐，只需用手指便可以完成，快捷干净，提高了制作效率。常见的喷胶为 3M 系列，主要使用 77 号和 75 号喷胶（图 2-36）。其中，77 号是超强力多用喷胶，粘接后不能再撕扯下来；75 号是不干型喷胶，胶性强度适中，可反复粘贴，重复定位。喷胶在模型制作中，可以把模型展开图纸粘合在材质上，明确图纸定位，方便裁割，以提高制作效率。

（5）纸胶带

多以美纹纸和压敏胶水为主要原料，一面具有粘接能力的卷状胶带（图 2-37）。纸胶带使用方便，方法类似于透明胶带使用，有较好的服帖性，同时还具有撕除不留痕迹的特性。因此用于模型上色操作过程中，将无需上色部分遮挡，对另一部分进行加工和涂色，使用方便。另外，纸胶带还可以将两种材质合理粘接，形成具有特点的模型节点。

（6）双面胶

是以纸、布、塑料薄膜为基材，双面涂上胶黏剂而成，两面都有黏性，广泛用于鞋业、制纸、手工艺品等的粘贴定位（图 2-38）。双面胶使用方便，取用大小自如，对粘合起到临时固定作用，连接和分离都很方便，并且粘合没有痕迹，是模型制作中常用胶黏剂之一。双面胶通常成卷状，宽度为 2 ~ 100mm，厚度也有薄厚之分，最厚可达 3mm。

> **小提示**
>
> 双面胶耐久性不强，长期会自行脱离，使用时应注意。

图 2-36　喷胶　　　　　　　　图 2-37　美纹纸胶带　　　　　　图 2-38　双面胶带

2.8　喷涂类材料

有时模型材质本身的色彩不能满足需要，则需进行涂色处理。用于模型涂色的材料，主要是油漆类材料。在简易模型制作中，也可以使用绘画颜料来着色。水彩、水粉、油画、丙烯等颜料都可以使用。下面主要介绍一下油漆类材料。

油漆由成膜高分子材料加入颜料和溶剂制成，能够保护所涂刷物件免受氧气和水分的侵蚀，防止金属生锈、木材腐蚀。其次，油漆有丰富的色彩，有一定光泽度，对物件有很好的装饰作用，是一种常用的建筑装饰材料。常用的油漆类型多样，有清漆、色漆；无光、平光、亚光、高光；油性、水性等，还有一些特种性质油漆。

图 2-39　自喷漆

模型使用的油漆一般有两种需求：其一是防止模型腐蚀，起到保护作用，多用清漆进行处理；另一种则是改变色彩和纹理，选用色漆。具体操作上，油漆可以使用刷子或喷枪进行涂刷，因为在干燥过程有机溶剂会挥发，影响身体健康，需要在通风良好的地方使用。除了一般的液体油漆外，模型制作还可使用罐装自喷漆（图 2-39）。这种漆通过高压灌在金属罐内，按下顶部喷漆按钮后会自动喷出气雾状的漆，使用方便，均匀性好，但是颜色种类有限，只有常备色，不能任意调色。

油漆干燥以后很难清洗，需要使用有机溶剂反复擦拭，在使用时注意不要弄在身上或其他物体上。

2.9　配景类材料

在制作精细的建筑模型时，经常会用到一些成型的小型配景，用来点缀模型，提供真实的使用环境，合理的布置配景能为模型增色不少。这些小型配景，可以手工制作，也可以购买成品。手工制作配景简洁概括，设计感强，价格低廉；成品配景制作精致，对真实场景模拟清晰，购买方便。

环境配景：表现建筑室外环境，主要包括人、车、树、草、园林小品等（图2-40 ~ 图2-42）。人和车大部分采用仿真制作。树的制作有些很写实，树叶等细节都有所表现；有些很概念，只有铁丝制作的树干。园林小品有公园椅、太阳伞、广告牌等。

图 2-40　模型树

图 2-41　模型车

图 2-42　不同颜色的草粉

室内配景：表现建筑室内环境，主要包括人物、家具、灯具、饰品等（图2-44）。搭配家具等配景的室内空间更加真实，对于推敲和表现空间有很好的辅助作用。

建筑配件：配景里还有一些将建筑的典型构件制成成品出售，例如柱式、檐沟、屋面瓦、栏杆等（图2-45），可以方便逼真地表现建筑细节。

小提示

树木是建筑中最常见的配景之一，使用量大，比例也要适合，但制作并不复杂，自制树木配景十分必要。配景制作主要是抽象提取，可以只是表达树干，也可以表达树形，核心在于比例正确，概念表达即可。图2-43所示的树，是由满天星干花枝截取而出。模型树形态与真实树木类似，同时干花呈现出树叶的意境。

图 2-43　模型树

图 2-44　家具模型

图 2-45　柱子模型

Chapter
第3章 **03**

建筑模型的制作工具

　　在认识模型材料之后，还需要明确模型材料加工制作采用的工具。制作工具根据设计表达内容、模型选用材料和场地条件情况的不同而异。合理选择制作工具，能大幅提高模型制作效率。本章将介绍模型制作的工具，从而认知工具的特点、使用方法和适用范围。

建筑模型从材料切割到加工成型，主要是由手工制作和机械加工而成。手工制作主要是指使用手工工具对模型材料进行加工，再通过人工方式将材料进行拼接的加工工程。机械加工主要是指使用机械辅助对材料进行裁割，直接成型或人工再组装的过程。

根据不同的设计作品，所采用的工具也不尽相同。一般而言，对于用来表达设计概念的工作模型，多用手工加工方式，快速表达设计意图，工具能够满足测量、剪贴和拼接等基本要求即可，而对于用来展示设计成果的最终模型，多用机械加工方式，展示模型深层次细节使用精细加工的机器设备，来满足模型的表达要求。另外，若材料本身性质坚硬，不易采用手工制作，则需要机械加以辅助。

随着科技的不断进步和发展，用于模型的材料不断推陈出新，制作模型的技术与方法也在不断变化。3D打印技术的推广，实现了从原始材料到成品展现的无缝连接，数字化加工技术，包括CNC车床和机械手臂等，实现了模型的数字建造过程。工具的发展带来了新的模型概念与设计思想。

➲ 3.1 测量放样工具

测量工具主要用于量度模型设计的尺寸，放置设计图样。设计模型和设计图在表达上有类似之处，需要使用一定比例的要素来反映设计内容，因此模型制作是否能真实体现出设计者的想法，表达出设计作品的内在，其尺度的准确性就显得尤为重要，这些与测量工具的正确使用有着密切关系。

制作模型时，测量工具的使用精度与模型的制作阶段密切相连。对于概念模型和工作模型，主要用于展现设计的初步想法，或者用于设计的进一步探讨，多以手工制作为主，用于设计者内部之间的交流，因此制作的重点是将设计的概念突出，体现总体的空间感受，在量度放样时模型精度要求不高，甚至有些小的误差，一般精确到5mm即可。对于最终展示效果模型，主要用于设计完成后的整体效果展示，多以机械制作为主，用于设计者和建筑使用者、投资者之间的多方交流，因此制作的重点是设计细节的表达。在量度放样时，模型精度要求高，不允许尺寸错误，需要精确到1mm内。一般使用数字化软件提高制作精度。

对于设计人员，概念模型和工作模型，不仅是表达工具，更是设计的推敲工具，因此需要熟练掌握。制作时，首先应该根据设计作品的体量和预想到的表达尺度，确定模型所采用的比例。然后将作品的各个组成面按照所设定的比例刻画到材料上再进行裁剪，组织拼接。

常用的测量工具主要有直尺、直角尺、丁字尺、三角板、卷尺、蛇形尺、模板、比例尺、计算器、圆规、分规和画线工具等。

（1）直尺

直尺是最常见的用于度量、制图和放样的工具之一。按照制作材料，直尺分为有机玻璃尺和不锈钢尺两种。有机玻璃尺尺面透明，有利于制作模型，但是尺边容易被刀具割坏。钢尺耐磨、耐腐蚀，不怕划割，因此在模型制作中应用较多。直尺的量程有30cm、50cm、100cm 和120cm 几种，对于一般学习者而言，30cm 的尺子比较常用（图3-1 和图3-2）。

图3-1　有机玻璃尺　　　　　　　　图3-2　钢尺

（2）直角尺

直角尺，又称角尺，用于测量与检测模型构件垂直度和相对垂直关系的专用工具。常见的尺身材质有铸铁、镁铝和花岗岩几种。尺身长度有多种规格，用于测量模型样板的直角精度，是切割成为直角的常见工具（图3-3）。

（3）丁字尺

丁字尺由尺头和尺身两部分组成。尺头与尺身必须以90°准确垂直连接，带有刻度的上边为工作边。丁字尺的尺身多为有机玻璃材质。丁字尺的大小是由尺身长短而定的，丁字尺的大小应与图板的大小相配套。一般有常见60cm、90cm 和100cm 几种规格（图3-4）。

丁字尺在模型制作中，主要用于绘制设计图。丁字尺配合图板，绘制水平线条。丁字尺尺头放在图板的左侧，与边缘紧贴，上下滑动，至工作边对准要画线的地方，再从左向右画出水平线（图3-5）。画一组水平线时，要由上至下逐条画出。丁字尺使用时，应保持工作边平直、刻度清晰准确、尺头与尺身连接牢固。此外，如果用丁字尺作为裁切靠尺使用时，需要使用尺身下缘无刻度一侧。

图 3-3　直角尺　　　　　　　　　　　　　　图 3-4　丁字尺

（4）三角板

三角板一般由两块直角三角形组成，其中一块为两个锐角45°的等腰直角三角形，另一块是两个锐角分别为30°和60°的直角三角形。尺面材质多为有机玻璃，尺身长度有多种规格，常用30cm的三角板（图3-6）。

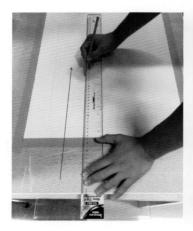

图 3-5　丁字尺的使用

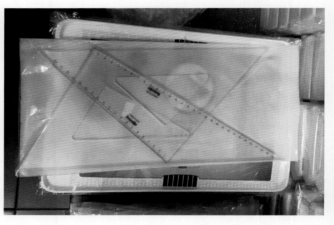

图 3-6　三角板

小提示

丁字尺和三角板是制图中最常用的工具之一，主要依靠工作边绘制，需要保护好有刻度的尺边。因此在制作模型时，应避免用工作边来进行切割。最好采用钢尺，若必须使用丁字尺和三角板进行切割时，应采用没有刻度的尺边（图3-9）。

三角板主要用于度量、制图和模型放样工作，绘制垂直线条或平行线条等，其带有刻度的边为工作边。三角板和丁字尺配合起来，可以画出与水平线呈15°及其倍数角（30°、45°、60°、75°、105°）的斜线（图3-7）。

画线时，先将丁字尺推到所画位置，三角板直角一边放置与丁字尺的工作边上，另一边则是所绘制线的位置。再用左手轻轻按住丁字尺和三角板，右手绘制所需要的图线。画线时应注意顺序，从上向下或从左向右画线，这样可以有效避免三角板与刚绘制图线发生摩擦导致的洇渍，以保持图面整洁（图3-8）。移动三角板时注意要将三角板拿起来，放在要画线的位置，不可在图面上摩擦移动。

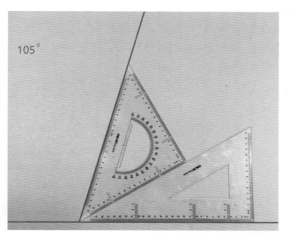

图 3-7　三角板组合角度

图 3-8　丁字尺与三角板搭配基本使用

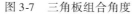

小提示

　　使用卷尺时，应注意测量与读数方法。将卷尺的头部与被测量物体的一端对齐，拉动卷尺，拉到略远于被测量物体的另一端。锁住卷尺，将卷尺拉直并平行于被测量物体，眼睛垂直于卷尺和被测量物体另一端的交点，读数并标记裁切位置。

（5）卷尺

　　卷尺主要用于测量尺寸较大的材料，并进行标记裁割。卷尺有皮尺和钢尺两种。皮尺是由麻与金属丝编织而成的带状卷尺，两面涂有防腐油漆，并印有分划和注记。皮尺两面分别印有不同单位刻度，常见的为公制与英制、公制与市寸等。钢卷尺是薄钢制的带尺，携带方便，卷尺上的数字分为两排，一排数字单位是以公制厘米为单位，一排单位是以英制英寸为单位，广泛用于模型制作中（图3-10）。常见的卷尺规格有 3m 和 5m 两种。

图 3-9　丁字尺裁图

图 3-10　卷尺

（6）蛇形尺

蛇形尺主要用于曲线的测量和绘制。由于蛇形尺能够任意弯曲，拟合各种曲线形态并保持不变，因此能够绘制不规则的曲线，并反复使用。画曲线时，先确定足够数量的点，将尺扭曲至所需位置，紧按后进行绘制。常见的蛇形尺有 30cm、40cm、50cm 和 60cm 等（图 3-11）。

（7）模板

模板主要用于绘制、测量图和放样模型材料。模板有相应的图形规格，因此能够快速重复绘制图形，是手绘图纸提高绘图效率的必要工具。模板常见的有曲线模板（图 3-12）、圆形模板（图 3-13）、建筑模板和工程模板（图 3-14）等，常见的尺身材质是有机玻璃。

图 3-11　蛇形尺

图 3-12　曲线模板

图 3-13　圆形模板

图 3-14　工程模板

（8）圆规与分规

圆规是主要用于测量和绘制圆形的工具。推荐使用四件套及以上的圆规，通过不同的组合，可以绘制墨线、铅线的圆形圆规和分规（图3-15）。在使用时应注意针头的转换（图3-16），具体使用时应先调整针脚，使针尖略长于铅芯，且插针和铅芯脚都与纸面大致保持垂直。画大圆弧时，可加上延伸杆。分规可用来度量线段长度，在线段上连续取某长度等（图3-17）。

图3-15　圆规　　　　图3-16　圆规针头区别　　　　图3-17　分规的使用

（9）比例尺

比例尺是外形有三个尺寸面的三棱柱体（图3-18）。每一条棱的两个侧面分别有两个不同的比例刻度，每个三棱比例尺有六个不同的比例。建筑设计中比例尺为百分比例尺，常见的有 1：100、1：200、1：250、1：300、1：400 和 1：500。规划设计中比例尺为千分比例尺，常见的有 1：1000、1：1250、1：1500、1：2000、1：2500 和 1：5000。

在制作模型时，应按照适合的比例灵活选用比例尺。比例尺上的数字以米为单位。

（10）计算器

计算器主要用于计算数据和比例换算（图3-19）。配合比例尺，将模型按照比例放样。

图3-18　比例尺　　　　　　　　图3-19　计算器

小提示

铅笔笔头需要保证一定的尖细度，以保证图线绘制均匀。在削铅笔时，不要将铅笔的型号削掉，否则不便选择合理的笔型。

（11）画线工具

画线主要用于在各种材料上绘制图样和标记。结合材料的性质、颜色、深浅的不同采用相应的笔。在绘制时，注意不要破坏材料本身质感的体现，以免影响后期处理。常用的画线工具主要有绘图铅笔。铅笔容易修改，使用方便。一般常用硬度为 HB、B 和 2B 的铅笔（图 3-20）。

使用铅笔时，用力要均匀，用力过大会在纸上留下凹痕，甚至折断铅芯。严格来讲，画长线时要一边画一边旋转铅笔，以使线条保持粗细一致。画线时，从侧面看笔身要铅直，从正面看，笔身要倾斜60°（图 3-21）。

图 3-20　铅笔

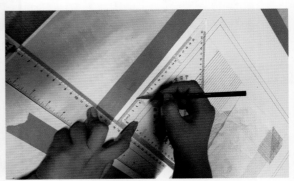

图 3-21　铅笔绘图方法

3.2　裁切钻割工具

当对设计方案图进行测量、放样后，接下来就要对模型材料进行加工了。在模型加工过程中，涉及最多的是裁切和钻割。通过裁切，将模型材料制成所需形状，以备下一步工作。此外，使用工具对模型材料进行钻割加工，也是必不可少的加工方式。

裁切工具主要包括各种刀类工具、锯类工具和机械切割设备。常见的有美工刀、钩刀、手术刀、木刻刀、剪刀、切圆刀、手锯、钢锯、曲线锯、电热钢丝锯、电动直线锯、电锯、电热切割机和计算机雕刻机等。钻割工具主要包括各种钻类工具。常见的有手摇钻、手电钻和钻床等。

小提示

当使用美工刀切割卡纸板时，握刀位置应该尽量与卡纸板的表面贴近，这样容易掌握刀的运行方向和下划力度，以便获得精确的切割效果。

（1）美工刀

美工刀（图3-22），又称壁纸刀，是在制作模型尤其是概念模型时最常用的工具之一。在制作模型时，美术刀主要是用于对材料的切割。配合钢尺，美术刀可以对许多种类材料进行裁割，形成模型的初始形状，以便后期拼装。使用方法很简单，价格也很便宜，是模型制作的必备工具之一。

美工刀刀片锋利，易造成划伤，为确保使用安全，刀片应及时收回到刀柄内。需要注意的是，使用时美工刀应保护好刀刃，锋利的刀刃对塑造形象十分有利。如果刀刃变钝，需用美工刀尾部的插卡折一截刀片，即可再次使用，非常方便。

此外，美工刀片的角度有两种不同的类型，一种刀角为45°，另一种刀角为30°（图3-23）。刀角小的美工刀便于加工细小的材料，使用更加方便。

图3-22　美工刀

图3-23　30°美工刀

小提示

美工刀和钩刀是最基本的模型制作工具，工具的选择就像选择一支好用的铅笔一样重要。质量好的刀具，刀片牢固稳定，在切割的过程中一定不能晃动，这样有利于刀在手中的切合度，以方便力的控制与操纵。

（2）钩刀

钩刀（图3-24），外形上与美工刀十分类似，只是在刀头上成回钩形状。在用途上，主要是用于切割。与美工刀不同的是，钩刀主要用于切割有机玻璃、塑料类板材和亚克力板等有一定韧性的材料。

图3-24　钩刀

在使用钩刀时，应注意用力要均匀。在刻画弧线时，应分段进行。同时，对一些材料，比如塑料板，可以在划下一定深度后借助外力将其掰开。

（3）手术刀

　　除了上述常用的可推拉的刀具外，手术刀（图3-25）也是常用的切割工具之一。众所周知，手术刀是外科手术的工具，刀刃锋利，刀型灵巧，因此可以用来在材料上进行较精细的切割工作，比如在卡纸板上切割出非常小的门窗等。手术刀分为刀柄和刀片两个部分，刀柄有不锈钢和塑料材质，刀片为不锈钢材质，并有大小不同型号。手术刀主要用于较薄的模型材料，如即时贴、卡纸、卡板、KT板和航模板等。

（4）木刻刀

　　木刻刀（图3-26），也称雕刻铲，有各种规格，一般有平口刀和斜口刀两种，适用于木模型的雕刻加工、刻字或者简易的切割。使用时，把刀柄纳入掌中，手指控制刀头，如平时握笔姿势，手腕用力刻出所需。

（5）剪刀

　　剪刀（图3-27）是剪裁各种材料的必备工具之一。一般需要大小各一把，主要用于剪裁纸张、胶带和胶片等。选用剪刀时，应该注意使用刀口锋利且铰接松紧适宜的剪刀。

图3-25　手术刀　　　　　图3-26　木刻刀　　　　图3-27　剪刀

（6）凿子

　　凿子是一种用于木材加工的专用工具，可以用以打眼等用途（图3-28）。使用时，一般左手握凿，右手持锤，敲击凿柄进行加工。凿子根据不同的加工能力可以平凿、斜凿、圆凿和菱凿等。

（7）木锯

　　木锯（图3-29）主要用于切割各种木质类和塑料类的工具。木锯锯齿较粗，比较适合锯割木料横切面。

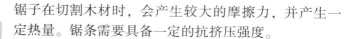

锯子在切割木材时，会产生较大的摩擦力，并产生一定热量。锯条需要具备一定的抗挤压强度。

（8） 钢锯

钢锯（图3-30）主要用于切割钢质材料，也可用于切割木质材料和PCV类材料，适用范围较广。钢锯的长短和锯齿粗细不一，可以根据所选用的材料合理选用。

小提示

当锯齿较密时，不要用于割锯木质材料，因为木质材料较粗，容易使得锯条折断，发生危险。

图 3-28　凿子

图 3-29　木锯

图 3-30　钢锯

小提示

使用曲线锯时，应清扫曲线锯路径上的杂物，确保曲线锯顺畅的划过所画路径，这样可以保持切割曲面的光滑性。

（9） 曲线锯

曲线锯，又称线锯，主要用于木质类和塑料类模型材料的切割。可以根据需要换用各种规格的锯条，用于直线和曲线等切割，加工效率高。由于其锯口较小，控形能力强，是加工各种形状的理想工具。常见的曲线锯是手持和台式电动曲线锯（图3-31）。

（10） 带锯

带锯，主要用于木质类材料的加工，可以切割刨花板、大芯板和中密度板等，多用于木材的直线分割。该锯操作简单，噪声低，较为安全，易于掌握。常见的带锯是台式电动带锯（图3-22）。

小提示

在切割小的构件时，由于电动带锯速度快，因此可以用其他废料保持要加工材料的位置，保持材料的稳定性。切忌用手直接接触，以免发生危险。

图 3-31　曲线锯

图 3-32　带锯

（11）电热丝切割机

电热丝切割机（图 3-33），又称聚苯乙烯切割机，主要用于聚苯乙烯泡沫（俗称塑料泡沫）的加工。它能够对塑料泡沫进行简单、快速并且准确的切割，较易形成体量块体，可以用来制作城市设计模型中的单体，也可以用于规划过程中的体块模型。电热丝切割机的组成部分包括切割平台与细电阻丝，在其中通过低伏电流加热后就可以切割泡沫材料。使用时材料宜平整，借助靠尺可以切出平整的体块。

（12）激光切割机

计算机在建筑学领域的使用，改变了设计流程和方式。模型制作过程便捷，制作精度也大幅提高。激光切割机（图 3-34）采用计算机数控技术，将 CAD 制图软件与 CNC（计算机数字控制）切割技术有机结合在一起，通过加工二维形体，拼装成三维实体。加工精度高，速度快，这些是手工模型无法比拟的，并且广泛用于专业的模型公司和设计公司中，是目前制作建筑模型常用的设备。

图 3-33　电热丝切割机

图 3-34　激光切割机

（13）手钻

手钻是常用钻孔工具之一。对材料的钻孔处理，主要体现在两个方面。一方面是建筑设计中，有镂空效果表达，需要通过钻孔得以实现。另一方面，钻孔用于节点处理，用手钻将材料打孔，再通过螺钉、螺帽等方式将其连接，完成材料之间的连接。常见的手钻包括手摇钻和手提电钻。

手摇钻，可分为手持式和胸压式两种，现在使用较少。手摇钻通过摇柄实现钻孔的目的。这种钻没有噪声，可以实现微操作。一般以钻木材、软金属和塑料等硬度不是很高的材料为主。

手提电钻，是以交流电源（图3-35）或直流电池（图3-36）为动力的钻孔工具，可以用于金属、木材、塑料等材料。手提电钻由电动机、控制开关、钻头夹和钻头组成。通过电力推动电动机，带动钻头，钻孔效率高，携带方便，使用灵活。

 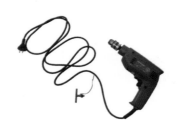

图3-35　无绳手提电钻　　　　图3-36　手持电钻

手提电钻使用广泛，不仅可以用于钻孔，而且还可兼做电动改锥使用。在使用时应注意安全。检查电源线是否有损，手钻外壳需有接地措施。在使用前，可先空转一下，检查传动部分是否灵活，有无异常。操作钻孔时，要双手紧握电钻，尽量不要单手操作。进钻时，力度不能太大，以防飞出伤人。钻孔时产生的钻屑严禁用手直接清理，应用专用工具清屑。如需长时间在金属上进行钻孔时可采取一定的冷却措施，以保持钻头的锋利。

小提示

需要格外注意的是，在插拔电源时，确保手提电钻处于关闭状态。严禁在带电状态下拆卸或更换钻头。

（14）钻床

钻床（图3-37）是具有广泛用途的通用性机床，主要是用钻头在工件上加工孔的机床，可以实现钻孔、扩孔、铰孔等加工内容。加工过程中，工件固定不动，通过刀具的移动，完成对材料的加工。

钻床根据用途和结构主要分为以下几类，包括立式钻床、台式钻床、摇臂钻床、深孔钻床、铣钻床、卧室钻床等，其中前两种是经常使用的钻床。立式钻床主要特点是工

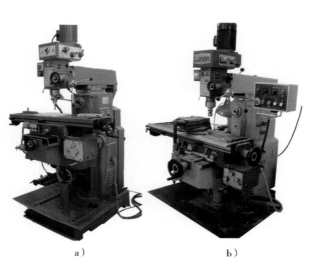

a)　　　　　　　　b)

图3-37　　铣钻床

作台和主轴箱可以在立柱上垂直移动，常见的钻孔直径规格有 25mm、35mm、40mm 和 50mm 等。台式钻床，是放在工作台面上的小型立式钻床。最大钻孔直径为 12～15mm，多为手动进钻，常用来加工小型工件的小孔等。

小提示

装卸刃具及测量工件，必须在停机时进行，不许直接用手拿工件钻削，不得戴手套操作。

钻床由于转速快，在操作时有一定的危险性，需要十分小心。操作前要检查设备上的防护、保险、信号装置。保证工作场地周围没有障碍物，整理衣扣，避免意外。检查钻头的切削部分是否磨损，如果发生磨损时，需要更换或者刃磨。其次按照工件的大小，选择合适的夹具。对于小的工件，一定要通过夹具，禁止手拿操作。手动进刀一般按逐渐增压和减压的原则进行，以免用力过猛造成事故。正确选用主轴转速、进刀量，不得超载使用。钻硬材料时，切削速度要慢一些，进给量要少一些；钻软材料时，切削速度要慢一些，进给量要少一些；用大钻头时，钻进的速度要慢一些，进给量大一些；用小钻头时，钻进的速度要快一些，进给量小一些。

钻床开动后，不准接触运动着的工件、刀具和传动部分。禁止隔着机床转动部分传递或拿取工具等物品。工作中发现有不正常的响声，必须立即停车检查排除故障。在使用完毕后，应及时关闭机床电源，每次用完后都应该擦拭干净，做好保养工作。

(15) 3D 打印机

严格而言，3D 打印机不属于裁切与钻割工具。3D 打印机（图 3-38）是近年来出现的模型制作工具，改变了传统制作模型的流程与思路。3D 打印机无需复杂的材料切割工作，直接从计算机图形数据中获取信息，直接生产立体模型，任何复杂形状的设计均可以通过打印得以实现。

3D 打印机的技术原理是一种快速成型技术的表现。以特殊的蜡材、塑料线材或金属粉末为基本材料，在数字模型文件的基础上，通过层叠打印的方式形成三维立体形态。3D 打印机的优势在于与数字图像处理直接衔接，可以完成手工无法制作的

图 3-38　3D 打印机

模型，极大解放了设计者的思维。但此技术现在还处于起步阶段，成型较慢，材质单一，材料价格等还需要进一步完善。

3.3　修整喷绘工具

对切割完毕的模型材料进行修整，是制作模型的重要步骤。制作概念模型、工作模型，或纸板为主的简单模型时，可以直接将切割成型的材料进行拼接完成模型，

但是制作精细成果模型，或材质比较粗糙材料的模型时，后期打磨修整就显得尤为重要，直接影响模型的表达效果。另一方面，模型整体完成时，需要表达现实场景、建筑材料、绿化景观等方面内容，可用喷绘工具，改变材料本身色彩，达到统一真实的目的。

常见的修整工具有普通锉、什锦锉、特种锉、砂纸架、砂纸机、木工刨和砂轮机等。常见的喷绘工具有喷笔和气泵等。

（1）普通锉

锉刀（图3-39）是在炭素工具钢上刻上印痕、使用热处理过的工具，是一种最长见的打磨工具。锉刀有很多品种，按照用途可以分为普通锉、什锦锉和特种锉等。

普通锉用于一般的锉削加工，可以分为木锉和钢锉。木锉在使用时装有木柄，用于锉削木材、皮革等软质材料；钢锉主要用于有机玻璃和金属材料的加工。按照锉刀截面形状，常见的有板锉、三角锉和圆锉三大类。板锉主要用于修整大面，对平面及接口的打磨。三角锉，由于截面较小，主要用于工件的内角打磨。圆锉主要用于曲线及内圆的打磨。

（2）什锦锉

什锦锉（图3-40），又称为组锉或者整形锉，根据截面形状分为齐头扁锉、尖头扁锉、三角锉、方锉、圆锉、单面三角锉、刀形锉、双半圆锉、椭圆锉、圆边扁锉、圆边尖扁锉等。根据锉刀的长度和直径分为 3mm × 140mm、4mm × 160mm、5mm × 180mm 三大类。什锦锉锉齿细腻，适用于各种形状和孔径的精细加工。

小提示

在锉木头时，要顺着木纹锉，才能使表面光洁，反之则可能倒毛。另外存放时，不能将锉刀堆放，以免碰坏锉齿。避免沾水或放置潮湿地方，以防锈蚀。

小提示

什锦锉适宜对细小部分进行加工，不适宜对大件进行打磨。

图3-39　普通挫刀

图3-40　什锦锉

图 3-41　砂纸

（3）特种锉

特种锉用来锉削零件的特殊表面，有直形和弯形两种。按照断面形状不同，可以分为刀口锉、棱形锉、扁三角锉、椭圆锉和圆肚锉等几种。

（4）砂纸

砂纸（图 3-41）是通常在原纸上胶着各种研磨砂粒而成，用以研磨金属、木材等表面，以使其光洁平滑。砂纸主要分为干磨砂纸和水磨砂纸。其中，干磨砂纸，又称木砂纸、铁砂布，质感比较粗，能尽快地磨光金属表面，主要打磨金属类等材料。水磨砂纸，又称水砂纸，质感比较细，水磨砂纸适合打磨一些纹理较细腻的东西，而且适合后加工。

（5）砂纸架

砂纸用来打磨表面，但是砂纸较薄，不易拿握。通过砂纸架（图 3-42），可以把砂纸固定在一个坚固基座上，便于砂纸打磨使用。

（6）打磨机

打磨机（图 3-43）是一种电动的打磨工具。通过电动机，将专用的砂纸带固定，反复打磨。打磨机分为手持和台式两种。打磨机打磨速度快，操作简单，效果好。

图 3-42　砂纸架

图 3-43　手持打磨机

（7）木工刨

木工刨主要用于木质类材料、塑料类材料等的切割和打磨，按照直线和平面切割打磨十分方便。木工刨有手工刨和机械刨床两种。按照加工工艺方法，手工刨可以分为短刨、长刨和特种刨等多种类型，刨床（图 3-44）可以分为平刨床、单面刨床、双面刨床、三面刨床、四面刨床和精光刨床等多种类型。手工刨使用需要一定的技能，刨身要放平，两手应用力均匀。可通过调整刨刃露出的大小，改变切割和打磨量。刨床使用时应注意安全，送料时双手要配合协调，严禁用手在料后推动或用腹部将材料顶入。

（8）砂轮机

砂轮机（图3-45）是一种常见的打磨设备。砂轮机类型多样，常用的有台式、立式、手持式、悬挂式等。砂轮机体积小、噪声小、加工精度较高、速度快，是一种常见的打磨工具。根据加工器件合理选择砂轮的粗细，加工精度要求较高的器件要使用较细的砂轮。砂轮材质较脆，转速高，易破损，所用砂轮不得有裂痕、缺损等缺陷或破损，一旦发现应立即更换。操作时严格遵守安全规程，操作人员应戴好防护眼镜（图3-46）。吸尘机必须完好有效，如发现故障，应及时修复。

图3-44　单面木工压刨床

图3-45　砂轮机

小提示

喷涂的过程中要注意两方面：一个是控制气压大小，另一个是控制出漆量的大小。通过食指向下按的力道可以控制喷出的气流大小；通过食指后拉的幅度来控制喷出涂料的量的多少。只有把握了这两个方面，喷笔才能使用得得心应手。

（9）喷笔

喷笔（图3-47）是一种较精密的工具，主要用于模型的上色。一般喷漆采用喷笔和罐喷漆。罐喷漆使用方便，但是颜色单一漆量大，喷涂面积大，效果不易控制。油漆喷笔，配合气泵，可以较好地控制喷漆量大小，能够较好地表现色彩轻重、明暗等细微差别，可以按照需要配色喷涂，而不再是单调的一种色彩。

使用喷笔时，食指向下按着按钮，喷笔有喷出气流，然后轻轻向后拉，会有涂料喷出。

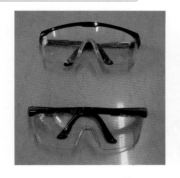

图3-46　护目镜

图3-47　喷笔

🔧 3.4　辅助加工工具

辅助工具是用以辅助模型制作的一些用具。这些工具在各种模型作业中，起到不可替代的作用，对于提高制作模型的效率、精度、效果等都有很大帮助。

常见的辅助工具，包括热加工工具和机械加工工具。其中，热加工工具有电烙铁、热风枪、电吹风、电炉和恒温干燥烘箱等，机械加工工具有台钳、锤子、钳子、螺丝刀和镊子等。

小提示

当电烙铁捏在手中时应注意安全。新的烙铁使用前应检查其是否漏电。在焊接时，一般一两秒内要焊好一个焊点，若没完成，应用松香将未完成的焊锡摘出，再重新焊一次。焊接时，电烙铁不能移动，应该先选好接触焊点的位置，再用烙铁头的搪锡面去接触焊点。

（1）电烙铁

电烙铁（图3-48）是主要用于焊机金属材料的工具。在制作建筑模型时，连接金属材料、安装灯光电路等都离不开电烙铁。电烙铁按结构可分为内热式电烙铁和外热式电烙铁；按功能可分为焊接用电烙铁和吸锡用电烙铁；根据用途不同又分为大功率电烙铁和小功率电烙铁。

内热式的电烙铁体积较小，而且价格便宜。内热式的电烙铁发热效率较高，而且更换烙铁头也较方便。外热式的电烙铁，发热电阻在电烙铁的外面，体积较大，较适合于焊接大型的元部件。但是由于发热电阻丝在烙铁头的外面，有大部分的热散发到外部空间，所以加热效率低，加热速度较缓慢。

使用烙铁时，应该控制好烙铁温度和焊接时间。烙铁温度太低，焊锡不易融化，焊点不易牢固，烙铁温度太高，会使烙铁烧死，无法焊接。焊接时间也应控制好，时间太长，容易损坏元件，时间太短，焊锡不易完全熔化，形成虚焊。

小提示

不要直接将热风对着人或动物。热风枪要完全冷却后才能存放。

（2）热风枪

热风枪（图3-49）主要是对金属元件进行焊接的工具，也可以对有机板材料等进行热加工。热风枪主要是利用发热电阻丝的枪芯吹出的热风来进行焊接加热。热风枪使用简单，热效率高，安全性能较好，是较理想的热加工工具之一。

图3-48　电烙铁

图3-49　热风枪

（3）电吹风

电吹风（图3-50）主要用于大面积有机玻璃的软化，也可以用于模型上色后加速干燥。电吹风种类虽然很多，结构大同小异，都是由壳体、手柄、电动机、风叶、电热元件、挡风板、开关和电源线等组成。在选用电吹风时，宜选用功率大的产品，一般以1200W的较好。电吹风在使用时应确保手部是干燥的，切勿将电吹风浸入水中。在使用结束前，尽量做到将电吹风机先从热档切换到冷档，以便切断电热元件电源。

（4）恒温干燥烘箱

恒温干燥烘箱主要用于有机玻璃和其他塑性板材的热加工，以便于材料弯成曲面。干燥烘箱适用于比较大的材料，温度在150～500℃。在使用时，将材料定位放进干燥烘箱，待材料烘软后将其放置在定性模具中辗压冷却成型。

（5）台钳

台钳（图3-51），又称虎钳，台虎钳。主要用以夹持小型工件，安装在钳工台上，配合锯、锉、錾完成工件的装配和拆卸，方便加工。台钳以钳口的宽度为标定规格。常见规格为75～300mm。

图3-50　电吹风机　　　　　　　图3-51　台钳

在使用台钳时，首先应将台钳牢固地安装在工作台上，确保钳身没有松动，否则容易损坏台钳，影响加工工件质量。在加工工件时，应用表面光整的板材夹住工件，以保护工件不被夹坏，再用手柄夹紧工件，以便加工。

（6）锤子

锤子（图3-52）是用来敲打或提拉钉子，敲打物体使其移动或变形的工具。锤子有着各式各样的形式，常见的形式是由一柄把手和顶部组成的。顶部的一面是平坦的以便敲击，另一面则是锤头。锤头的形状可以像羊角，也可以是楔形，其功能为拉出钉子。顶部有金属质地和橡皮质地两种。橡皮锤常用于木质大比例模型的制作（图3-53）。

（7）钳子

钳子（图3-54）是一种用于夹持、固定加工工件或者扭转、弯曲、剪断金属丝线的手工工具。钳子通常包括手柄、钳腮和钳嘴三个部分。钳嘴的形式很多，常见的有尖嘴、平嘴、扁嘴、圆嘴和弯嘴等样式，可适应于不同形状工件的作业需要。

按其主要功能和使用性质，钳子可分为夹持式钳子、钢丝钳、剥线钳和管子钳等。钳子的齿口也可用来紧固或拧松螺母。刀口可用来剖切软电线的橡皮或塑料绝缘层，也可用来切剪电线、铁丝。

图 3-52　锤子

图 3-53　橡皮锤

图 3-54　钳子

小提示

　　使用螺丝刀时，应根据螺钉选用适当大小的螺丝刀，以防过小或过大将螺钉滑钉。

（8）螺丝刀

　　螺丝刀（图 3-55），又称螺钉起子、改锥，是一种用来拧螺钉以迫使其就位的工具。通常有一个薄楔形头，常见有一字和十字锥头。锥头可插入螺钉钉头的槽缝或凹口内，进行拧紧。螺丝刀的材质一般为碳素钢和合金钢。螺丝刀使用方便，是模型制作的必要工具之一。

（9）镊子

　　镊子（图 3-56）是主要用于拿捏工件的工具。通过使用镊子，可以提高人手的精度，帮助模型制作者在很小的部分上进行操作。在制作模型时，会有许多部分只有几毫米的大小，不可能用手指抓住它，这时使用镊子就十分必要了。

小提示

　　镊子不可使其加热，不可夹酸性药品，用完后必须使其保持清洁。

图 3-55　螺丝刀

图 3-56　镊子

建筑模型的设计与准备

制作模型的目的在于表达所设计的方案,包括环境解读、空间组织和材料呈现等设计要素,因此模型制作需要认知方案设计的出发点,识读清楚相应图纸、明确制作所选用的材料,做好相应的制作准备工作。本章将从方案设计的角度,介绍模型前期准备工作。

在大多数情况下，谈及建筑实体模型时人们首先想到的是制作精美、表达真实的展示模型，这类模型既包括用于展示城市风貌的规划模型，用于设计招标的单体模型，也包括用于开发销售的小区、住宅和户型等模型。然而对于专业人士来说，模型并不只是上述用于展示最终成果的模型，而是在更多情况下用于设计人员进行思维过程和交流想法。对于建筑学学生而言，需要培养的是将模型用于交流的工具，通过不断对话，完善提升设计。通过模型展现，讨论设计方案，表达设计思想，完善设计内容，深化空间变化。这种能力的培养，主要是通过设计中的概念模型与工作模型得以实现的。下面的内容主要从设计模型分析建筑模型制作的准备工作。

在建筑模型制作之前，首先应该进行建筑模型的设计。为什么要经过设计阶段呢？预先对模型进行设计，主要是为了对建筑模型进行合理的规划，使制作者做到"心中有数"。通过对模型的设计，可以使设计者更好地认知设计特点，更清楚地表达设计内容，有利于模型制作的展开。

⊃ 4.1 建筑方案设计

模型制作的设计，首先应对建筑方案的设计特点有一定的了解与认识。

（1）建筑设计特点

建筑学是一门跨工程技术和人文艺术的综合性学科。建筑学涉及建筑技术和建筑艺术，包含了技术、文化和艺术等多个学科的交叉融合。建筑设计是建筑学科中的重要学习和工作内容，是实现建筑学目标的具体方式，涉及各种各样的主、客观因素，设计过程是复杂多变的。建筑设计具有自身的特点，遵循着一般程序和方法。

建筑设计最突出的特点是其具有一定的创造性。建筑设计的创造性，是设计者进行思维过程的结果，通过发现问题、分析问题和解决问题等一系列过程，在特定条件下运用综合设计手法为人们营造居住空间和生活空间。建筑设计是创造性思维的活动，抽象思维是这种能力的基本体现。只是模仿和堆砌，缺乏创造力和想象力成不了一个优秀的设计者，也不可能创作出优秀的作品。但是创造力和想象力并不是凭空而来的，而是源于对现有元素与概念的积累，对客观事物的认知是创作的前提。积累的知识越多、信息量越大、灵感越丰富，创造力也越强。

当然，建筑设计这种创造性是一种受限制的创作。这些限制包括环境、经济、功能和规范等各种方面的约束。因此，设计并不是绝对自由的，不能是天马行空的，必须限定在某一个范围内进行。建筑设计的立意也好、构思也好，都是在各种制约条件下产生的。突破这些束缚条件的设计是没有意义的。因此，建筑设计是一个在制约中寻找相对自由的过程。

建筑设计在作品上体现独特性。这种独特性与创造性紧密联系。创造的直接结果就是所设计的作品与其他现有作品有所区别，代表新的设计成果。独特性在建筑作品中体现在以下几个方面。首先，对周围环境的理解。建筑如何面对所在的环境是设计者首要解决的问题，不同的设计者给出自己独特的答案。关肇邺院士设计的清华大学新图书馆，采用化整为零的手法，将面积巨大的新馆分解，并形成一个内向的室外院落空间，与老馆建筑浑然一体，充分体现了对历史的尊重和环境的友好（图4-1）。其次，对空间组织的操作。空间是建筑设计的核心问题。建筑空间的组织直接与使用联系，人对建筑空间的感受也是最直接，影响到对整个建筑的认知。瑞士建筑师吉贡和古耶设计的基尔西纳博物馆，打破厚墙对空间的限制，将空间的采光与使用功能结合，并把走廊空间功能属性进行了新的拓展，消除原有建筑体系中使用空间与辅助空间的界线，带来全新的建筑空间体验（图4-2）。独特性还体现

图4-1　清华大学图书馆

图4-2　基尔西纳博物馆

在对使用材料的呈现。外部材料的呈现方法，不同处理方式，不同结合方式，体现了设计者对材料的掌控能力。斯蒂芬·霍尔在阿姆斯特丹运河边设计的萨夫特伊办公楼，外层采用多孔铝板，与内层多孔复合板，营造出特殊的光线效果（图4-3）。此外，建筑作品也会体现独特的技术审美。福斯特设计德国议会大厦新穹顶，直接把玻璃材料与建筑结构展现出来，将采光、遮阳、通风和能源利用等技术融入，形成独特的技术美感（图4-4）。

图4-3　萨夫特伊办公楼

图4-4　德国议会大厦穹顶

建筑设计还是一个不断重复的过程。设计是一个复杂的思维活动，不仅要考虑到客观条件，包括地形特征、气候因素等自然条件，也包含地域特性、人文文化等社会条件，还需要主观因素，考虑到使用者的具体需要，体现人性化的特点。这些因素导致设计活动不可能是一蹴而就的，而是一个不断认知沟通和反复升华的过程。

（2）设计构思的来源

正是建筑设计的特殊性，使得方案构思成为整个过程中的重要环节。构思是在立意的基础上，通过一定的设计手法和语言将立意转化成实际方案，解决设计问题，将精神产品转化成具体物质形式的过程。

在这一复杂而紧张的思维活动中，如何解决矛盾，实现最初立意，不断解决创作中遇到的问题，进行不断思维活动？设计构思可以从环境因素、功能组织和材料形式等为切入点进行构思。建筑作品是一个满足多样需求的复杂综合体，因此设计构思并不是单一的进行展现，多种因素综合产生优秀的作品。在作品分析时，可以将其突出部分加以强化与学习。以环境构思为例，建筑大师赖特设计的流水别墅，是建筑与自然有机结合的典型代表作品（图4-5）。在现场勘查之后，赖特说头脑里涌现出了一个与溪水、山石、树木相结合的，富有音乐感的别墅印象，并希望瀑布成为生活中不可缺少的一部分。在具体设计手法上，室内空间自由延伸，内外互相交融。两层巨大的平台在不同的方向挑出，与采用当地片石制成垂直墙面，形成了鲜明对比。不同的空间限定体会，与光线、质感、景观之间的共同作用，达到了与自然切合、与环境交融。如果说这种以自然而然的形式来体现对环境解读充满了浪漫色彩，以几何关系对位来表达环境认知则体现出了理性表达。建筑大师贝聿铭的

图 4-5　流水别墅

设计作品美国国家美术馆东馆扩建就代表了后者（图4-6）。美术馆老馆形式与扩建用地的特殊性，如何使建筑面对周围环境，如何处理空间与形式、功能的关系，以提高人们对美国国家美术馆东馆的认识，成为设计者构思中的重要内容。设计从几何关系出发，将不规则的用地进行重新组织与切分，在轴线对应关系上实现了新老馆之间的对话关系。立面处理上采用与老馆相同的石材和墙面分割，使得新馆几何立体形态保持新旧对话，同时也具有独特性。

图4-6　美国国家美术馆东馆

（3）模型的前期设计

　　建筑设计蕴含了设计者的智慧，是对各种因素综合考虑的结果。制作模型时首先应该体现的就是设计者的核心意图，预先构思出如何用模型材料指代出相应的设计特点。

　　构思的重点是在于如何正确表达设计内容，这需要了解设计者的整体设计过程，厘清作品中的独特之处，这是模型制作中应该重点表达的。例如上述的流水别墅，其重点在于建筑体量与周围环境之间的关系。制作模型时，环境的表达成为制作的重点。图4-7所示的模型，分析环境中的要素，采用真实的石头与树枝来表达周围的山石与树林关系，较好地表达了设计与环境的对话。图4-8所示的模型，表达抓住了流水别墅的材质对比，重点再现了毛石墙面与光滑平台面之间的关系。具体采用的砂纸表面纹理与卡板，形成了质感上的对比。其次要对建筑的整体规模有一定的认识，要确定适当的比例，这样有利于表达出建筑的形态、材料及细节等。图4-9所示的模型是勒·柯布西耶的设计作品海蒂·韦伯博物馆。柯布西耶在这个建筑中没有选用其擅长的混凝土和石材，而是采用了预制钢结构。模型在制作中突出了这一特点，采用铁质构件弯折而成，相同的多段拼接成型，反映出作品中模块化的理念。图4-10所示的模型，密斯设计巴塞罗那德国馆对建筑空间进行了独特的解读，有别于传统经典空间，作品释放出空间的流动性。模型精确的表达出在空间划分中起到决定性作用的墙体，并且采用打印粘贴的方式，按照相应的比例，再现了建筑中石材墙体的肌理特征。

针对设计需要不断反复修改的过程特点，模型在设计的不同阶段，也应该有所侧重，有利于快速完成模型，也有利于与设计需要相互匹配。在方案设计开始阶段，模

图4-7　模型的环境表达

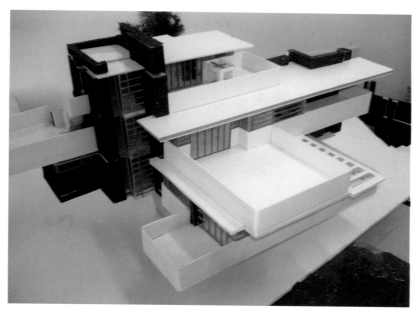

图4-8　模型的材质对比

图 4-9　海蒂·韦伯博物馆模型

a）

b）

图 4-10　巴塞罗那德国馆

型需要表达的是设计者最初的立意与构思，主要表达建筑与周围环境之间的关系、建筑形体之间的相互关系等，因此可以用体块模型的方式，将其主要形态得以展现。图4-11是某居住小区方案，模型主要采用塑料泡沫材料来指代建筑形体，清楚快速地表达了建筑与环境之间的关系。在深入涉及设计的阶段，模型需要进一步表达具体的空间设计内容、相应的细节设计，如空间使用尺度、立面材料特征、构件节点做法表达等。这时可以采用局部放大的做法，通过大比例尺的模型呈现，可以更好地推进设计。图4-12所示模型是一个节点设计。模型采用真实的木材材质，按照足尺比例进行制作与推敲，真实表达设计概念。在最终设计阶段，表达上模型需要能够准确把握设计的空间尺度和材料质感，给人带来设计作品的真实体验，让模型能够最大限度地表达设计者想法，起到设计与使用之间的交流沟通作用。图4-13所示模型为文丘里设计的母亲住宅。模型采用不同的材质，把建筑的外部与内部空间真实展现出来。

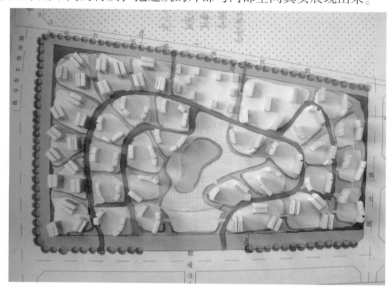

图4-11 某居住小区方案

图4-12 节点设计

图4-13 母亲住宅

⤿4.2　模型图表达

(1)　图纸的放样

当模型制作构思完成之后，需要进一步将模型细化在图纸上，也称为放样过程。通过图纸的放样，把设计构想以各种分解图示呈现，以便将材料按照制作所需，依照图纸进行裁割，并进行进一步的粘接。制图放样阶段是模型制作过程中重要一环，不仅涉及对设计的表现，也涉及对材料的耗费，应做到设计合理和科学计算。

将设计者的构思放样在纸面上，主要有几个好处。首先，通过图纸再次表达，可以进一步细化和深化设计者的想法，使得设计概念更好落实到实体介质中，本身是一种设计构思的深入和调整。其次，通过图纸深化表达，可以在制作模型之前，对设计方案有进一步的认知，对方案的环境特征、平面功能、立面体量、结构材料等进行细化和推敲，使模型制作能合理安排，做到有的放矢。另外，通过图纸的表达，模型制作者可以思考如何将设计方案的特点与模型的制作更好地结合起来，侧重表达的部分。通过该阶段对设计构思的深入以及调整过程，设计构思将以模型制作图的形式进行确定和细化。

(2)　模型图的表达

在模型图表达阶段，首先应该确定绘制比例。根据设计构思，以突出设计重点为目标，确定模型制作比例，继而确定相应的图纸绘制比例。模型制作的比例确定有几个方面的影响因素，包括所制作模型的设计特点、复杂程度、细节精度以及模型用途等方面。模型比例涉及模型整体面积、材料加工和经济技术等综合问题。

模型比例一般为实际设计尺度的整数倍关系，比如 1:50、1:100、1:200 和 1:1000 等。比值的大小反映出了模型制作成果的大小，对设计细节表达的多少，制作工作量的高低。通常而言，同一设计作品，模型比例为 1:50 应比比例为 1:100 的成果更大，所表达细节更多，制作相应也更复杂。

模型比例的选取与设计内容相关，具体因建筑设计和规划设计而有所侧重。一般而言，对于大型公共建筑的模型，宜采用 1:200~1:100 的比例，可以清楚表达建筑的体量与外形特征。对于小型建筑的模型，如别墅可以选用 1:75~1:50 的比例，可以清晰表达建筑空间与材质特点。对于专门表达室内的模型，由于要表达家具、设备等，可以采用 1:50~1:20 的比例，这样有利于布置室内。而对于城市规划设计，表达区域规划类的模型，宜采用 1:5000~1:1000 的比例，小区群体类、城市设计类模型，宜采用 1:1000~1:250 的比例。

所绘制模型放样图与制作比例一致，以便于量取。但是在制作最终的成果模型时，设计图已经绘制完毕，图纸比例往往与所需模型比例不一致。这是因为两者设定比例所考虑的因素不同。图纸比例设定往往考虑图纸的图幅大小和打印等方面。因此，在制作此类模型时，需要将图纸比例与模型比例进行一定的换算。例如图纸与实物的比例为 1:100，模型制作与实物的比例为 1:50，可以看出两者间的比值为

2，因此需要把图纸中图线放大 2 倍即得到模型制作尺寸。

在模型图的表达阶段，还应注意图纸对模型制作材料的修正，主要有两个方面因素需要考虑。一方面，模型图是按照裁切的尺寸绘制的，可以合理布置图纸，提高材料的使用效率。另一方面，制作模型的材料，绝大多数是有一定厚度的，因此在绘制模型图时，应该考虑到这个因素，留出相应的宽度，以便后期制作（图4-14）。

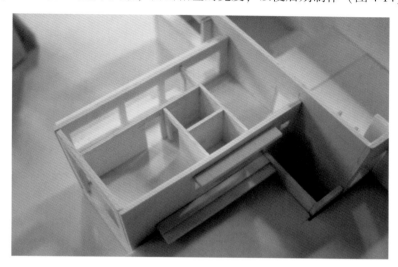

图 4-14　考虑材料厚度，缩短纵墙宽度

模型图绘制完毕后，需要对图纸进行核对。一方面检查设计是否已经落实到了图纸之中，另一方面核对图纸数据是否能够统一，主要核算连接构件之间数据能否衔接一致。如果发现数据不相吻合，必然对模型拼接有所影响，应及时进行修改完善。

随着建筑制图设计软件的升级，计算机制图也可以在此阶段加以应用。比如通过 Sketch up 等三维建模软件，可以将设计方案的三维模拟图像在计算机中呈现，可直观地观察到设计是否完善，然后将其导出成二维图，方便模型制作（图4-15）。计算机模拟表达和建筑模型表达都是建筑设计推敲、建筑方案表达的重要手段，两者各有特点和优势，设计者应当灵活应用。

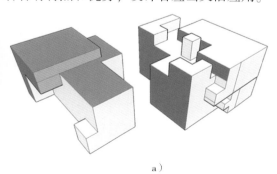

a）

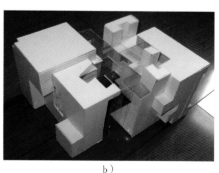

b）

图 4-15　计算机模型与手工模型

4.3 模型材料选择

在模型图绘制完毕之后，需要明确具体的模型制作使用材料。如果模型材料选用不当，会直接影响整个模型的制作效果。在选用材料时，首先需要了解模型材料的特性与加工方法，此部分内容在前面章节中已经有所介绍。在此基础上，选择材料的重要因素就是能够体现出设计方案的特点与独创性。比如，赫尔佐格和德梅隆设计的位于纳帕山谷的多米尼斯酿酒厂，其方案为了适应当地的气候特点，使用了双层表皮（图4-16）。其表皮采用网格状铁笼并装入当地岩石，按照基本单元进行了划分砌筑，在模型选材时应采用相应的材料来表达设计中的精髓。选择材料另一因素就是对材料本身的再加工，善于发现身边的可用材料，发掘材料的特性，达到就地取材，经济节约，并有独特表现效果。例如，KT板是一种常见的模型饰面板材，这种材料一般是由两面贴有光滑纸张与泡沫板压制而成的。这种板材重量较轻，不容易变形、易于加工。如果将其表面附膜的纸张撕掉，就可呈现出与原有KT板不同感觉的材料质感，简单的再加工丰富了这种模型材料的使用方法。图4-17所示模型，其白色材料是将黑色KT附膜撕去而得所产生的对比效果。

图4-16　多米尼斯酿酒厂

图4-17　KT板不同用法

在选择模型材料时，可以考虑以下几个方面。

（1）显实性

显实性，主要是指模型材料通过自己的真实质感，指代实际设计方案所需的材料。判断建筑模型的好坏首先在于模型能否如实反映出设计特征。模型不仅在体量、尺度和比例等方面表现方案，而且在细节做法、立面处理和色彩质感上体现出设计要求。这些细节处理的一致性，最重要的手法就是通过材料本身的外观特征得以体现。

材料的外观，包括材料的肌理感、颗粒感和色彩感等，是选择材料的重要标准。如果依靠所选择材料的本身无法表现出方案设计的特色时，可以辅助其他手段，如上色和贴面等方法，改变模型材料的外观特征，以达到方案要求。图4-18所示模型为利用软木板与木条相结合的模型，屋面做法层次分明，表达了坡屋顶的屋面材质特征。

图 4-18　坡屋面制作

（2）加工性

加工性，主要是指模型材料可用加工的性能。材料的加工多数属于物理性能方面的加工，比如改变材料的大小和形状等。在概念模型时，手工加工是模型制作的最主要工作之一。因此，材料的加工性关系到制作模型的效率。

在选择材料时，当外观质感与材料材质近似时，应选择易于加工的材料。例如，在设计初始阶段，模型应能够快速表达设计概念，材料选择上应有一定的概括指代性，并便于加工。以窗的玻璃表达为例，材质选择可采用易于加工的玻璃纸或者较薄的透明有机材料，直接剪裁就可以加工完毕。图4-19所示的模型，其窗户玻璃直接采用镂空的做法，简洁清晰，也明确表达了建筑中窗户的概念。

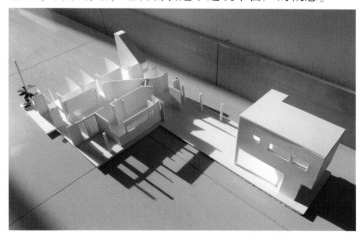

图 4-19　窗户镂空表达

（3）物化性

物化性，主要是指模型材料本身的物理化学性质。材料的物理化学性质，包括材料的质量、强度、刚度、抗拉、抗压、抗弯、熔点、热膨胀性、导电导热性、透明度、稳定性和抗腐蚀性等。

在选择材料时，应当比较材料的物化性能，选择性能相对稳定的材料。在模型制作的不同阶段，对材料物化性能的选取也有所不同。在设计初始阶段，往往采用易加工的材料。这些材料本身强度不高，但是优点在于容易加工成型，能够提高模型的制作速度，快速表达设计灵感，利于设计过程的不断完善。在最终定稿阶段，需要考虑物化性能较稳定的材料，有一定的强度和抗腐蚀度，粘接效果牢固，材料不易褪色变形，以便成品后长期展示与存放保存。

（4）经济性

经济性，主要是指模型材料的价格因素。材料在选择上，应考虑到材料的价格因素，不要一味追求材料的高档、高价。在选择材料上，提倡就地取材，可以对现有材料进行再加工利用，也可以循环使用一些废旧与廉价材料，比如线绳、牙签、粉笔、大头针、订书机钉、包装纸盒等。合理使用材料，可以获得良好的制作效果。图 4-20 所示的模型，采用大头针指代桥的栏杆，方便实用，加工粘接、物美价廉。

图 4-20　桥的栏杆表达

（5）可变性

可变性，主要是指模型材料的材料通过不同的使用方法来丰富材料的表达性能。模型的材料表达是多方面的，在使用过程中，可以从多方面、多角度去认知材料特点，挖掘材料使用潜质。

以卡纸这种常见的模型材料为例，卡纸一般多利用其光滑的表面来指代建筑墙面。图 4-21 所示模型，利用卡纸直接表达了迈耶作品"白色建筑"的墙面质感特征。但是如果将卡纸叠加，并通过刀片进行切割等物理处理，也可以用于表达粗糙的石材墙面。卡纸还可以通过绘画增加其表现力。图 4-22 所示模型，其中地面部分采用深色卡纸，用白色绘图笔绘制出石材的肌理，取得了较好的模型效果。

图 4-21　卡纸表达墙面

图 4-22　卡纸表达地面

⤳4.4　制作场所准备

在正式制作模型之前，应有一个良好的制作场所。模型制作需要一定的流程，使用各种工具，同时还需要相关人员进行配合，良好的场所为模型制作提供了基础条件。此外，模型制作有些工具在操作时具有一定危险性，有些模型材料加工过程中也有一定的毒性，需要一定的操作空间和良好的流通空气，是顺利开展模型制作的必要保证。

模型制作的场所，应注意以下几个方面。

（1）场所应该有良好的通风、采光和水电条件

一般来讲，制作模型的场所应该有良好的通风条件。模型制作中，各种粘接用的胶是化学产品，使用时有一定的味道。用于装饰模型自喷漆类产品也往往有刺鼻的味道。若是长期吸闻，会对人体造成一定危害。因此，模型制作空间应通风良好。自然通风无法满足时，可采用机械辅助。如果通风不佳时，还应佩戴防护口罩。同时，粉尘较大的机器设备，应配有相应的排放设备（图4-23）。模型制作需要手工或者机械加工，因此制作场所采光应充足，自然光线不足时应该用人工照明来弥补。模型制作的很多工具需要用电操作，需要具备足够安全的电源插座，并配有相应的开关和防护措施。同时，模型场所宜配有上下水设施，以便使用。

图4-23　粉尘设备应连接吸尘器

（2）材料应该储放有序，工具应该使用得当

模型使用的材料，有很多为易燃材料，因此在储藏时应注意存放安全。工具在使用时，应当合理摆放，方便使用（图4-24）。对于需要有操作面的工具设备，应该留出充足的空间，以便使用。使用工具时，应当注意安全，防止切割模型时对人体造成不必要的伤害。在加工材料时，应佩戴护目镜，以免碎片崩到眼睛。

（3）应有危险和警示标记，并采取扑救措施

模型工作场所，应该有明确的标记。在明显位置上，张贴工作规则和工具使用手册。对于有危险性的工具设备，一定要标明。使用时，应当仔细阅读使用提示和注意警示标记。模型工作室应当配备急救箱，并且安装灭火设施。

在日常简单模型制作时，也应有几点注意事项。首先，应当有相对独立的工作台面。工作台面是模型制作的必要条件，干净平整的台面，有利于材料、工具的放置，并且有利于模型的制作。其次，在台面上制作模型应使用安全底板（图4-25）。安全底板是一种软质的呈绿色板材。在安全底板上切割材料，一方面有利于材料的加工，防滑稳定；另一方面有利于保护好工作台面和制作工具，以免工具和台面经常大力接触，降低工具的锋利度，导致损坏工具。

图 4-24　工具应合理摆放

图 4-25　切割垫板

建筑模型的制作与表达

　　一般而言，建筑模型制作过程与建筑建造过程类似，有自己特定的工作步骤与顺序，同时也有相应的加工方法。掌握制作过程中相关的步骤和方法，有利于模型制作工作的顺利完成。本章将介绍建筑模型的制作步骤、加工方法和配景表达等相关内容。

建筑模型制作是整个过程的实质性阶段。模型制作由于用途不同，所采用的具体制作方法也不完全相同。

对于展示成果模型而言，由于设计方案已经确定，模型制作的主要目的是把建筑师所设计的抽象概念进行具象化，把二维的图纸转化成三维的实体，将方案比较直观地展现出来，满足甲方及普通大众认知设计方案的需要。因此，模型要遵循设计者的设计意图，准确表达设计内容，材料选用上应尽可能模拟建筑建成后的效果。在制作手法上，一切应以准确为宜，不论在建筑环境的表达，还是在建筑形体尺度、细部门窗大小、外观材料效果等，都需做到真实模拟建成形态。模型在制作上要求准确细致，加工工具可以选择相应计算机控制与机械加工为主、人工加工为辅的方式。

对于概念模型和工作模型而言，主要满足专业设计人员需求，模型的制作目的是对设计内容作出阶段性表现，对方案进行推敲和细化。这个阶段设计方案本身并没有完全确定，有些甚至只是设计者的灵感火花，并没有完整的设计图呈现。因此，在模型制作上，并不能完全依靠图纸，图纸与模型并行交替，互为补充。随着模型制作进行推敲，方案不断进行修改与完善。在制作要求上，不限于模型细节的精准，更多的应注意设计整体性表达，初步体会设计的空间感受，对存在设计异议部分进行直观验证。这类模型在制作上多以手工加工方式为主，模型制作者多为方案设计者本人，制作结合设计不断升华，材料选择与加工上不如展示模型精美，但模型整体富有设计感。

⤴5.1 模型制作程序

（1）确定制作原则

在制作模型时，需要对整个过程进行预先设想，确定制作的基本原则。

首先，要明确制作目的和重点表现内容。正如前文所述，不同类型模型的用途不同，那么在制作模型时需要对使用目的有较明确的定位，这不仅影响模型在比例大小、材料做法以及抽象程度的选择，也影响了制作深度、耗费时间及工作配合等方面。在方案初期设计阶段，模型基本上采用体量模型，从城市设计等更加宏观的角度出发，把握设计方案与周围环境之间的关系。模型比例上多选择1∶500、1∶1000等大比例尺度，这样可以使设计者忽略建筑单体的细节，更多地关注建筑与建筑、建筑与周围环境、建筑与城市地段之间的联系，材料上选择适宜加工的纸板材料或者块体材料，模型表达比较抽象，制作时间也相对较短，模型主要表达内容在于反映设计者对方案的整体把握。

其次，要注意模型制作时整体与局部的关系。在实现过程中，模型制作与方案设计这两种活动有一定的共同点，即整体上对过程的掌控和把握。方案设计过程，在初始构思阶段，就需要从宏观角度出发，分析方案设计所处的环境，所实现的功能和所体现的造型特点等因素。模型制作也有相同的要求。模型在制作时需要把握整体关系。一方面根据设计方案的建筑风格与造型特点，从材料选择、色彩搭配和制作深度等方面进行统一把握；另一方面结合设计的特点，设置模型的重要表现点，做到心中有数。从整体的角度把握模型制作，容易形成统一的模型制作风格，达到设计者所要表达的意图。重点表达要结合整体定位，但是如果模型重点表现无法达到既定要求，则需要进一步修订整体模型定位，重新考虑模型的设定比例、材料选择和相应的制作深度，必要时可以单独制作局部模型，已达到充分表达设计意图的目的。

最后，注意灵活运用各种制作方法和表达手法。模型制作基本方法对材料进行剪切拼贴，形成实体成果。这种手段的实质是设计概念三维实体化的过程。除了类似三维实体表达方法之外，模型制作上也会借助其他的表现手法，把二维与三维互相结合。将表达内容丰富的二维设计图，衬托到三维模型底部，用于再现设计环境，可以较为快速完成对建筑环境的认知，满足在概念设计阶段的使用要求。这些表现手法作为模型制作的有益补充，丰富了模型的表达效果，起到事半功倍的效果，值得设计者灵活应用。

（2）模型底板制作

底板对于建筑模型而言十分重要。当周边环境与地形地貌特征在方案构思中起到决定性作用时，底板制作应成为整个模型制作过程中最先考虑的要素。通过底板的制作，对地形和地貌进行再现，有利于设计者对环境的思考，尤其是当设计者缺乏设计思路时，底板的作用就突显出来，这样有助于设计者通过对地形的审视与分析，从而促进方案的生成。

根据模型的类型不同，底板在制作上也有相应的变化。对于展示模型而言，由于模型制作反映实际效果，模型本身的重量较大，因此底板制作应采用较为结实的材料，一般常见的有聚苯乙烯板底板和木质底板。这些材料本身容易加工，质地好，韧性好。为了和模型相匹配，常采用机器加工，以求精准，并且对边角采用铝合金、不锈钢等硬质材料进行包边处理，以求模型底板坚固耐久。对于概念和工作模型，制作底板时要简洁易实现，采用一些轻质板材，比如 KT 板、聚苯板等，按照尺寸切割后即可使用，这种底板更适合设计讨论，也是建筑设计者和制作者应关注的重点。

在底板制作时，应注意以下几个方面。

第一，底板的尺度需要与模型比例协调。底板在确定尺寸时，要满足模型表达的需要。底板尺寸过大时，会使建筑周围环境过大，建筑尺度失真。此外，过大的底板也不利于搬移模型。底板尺寸过小时，会导致建筑无法放置到底板之上，建筑周围环境无法表现，不能够传达出足够的信息。一般而言，模型底板长度为设计建筑物长度的 1.5～2.0 倍。

第二，地形的制作。地形地貌一般分为平地和坡地两种。平地地形没有起伏变化，按尺寸准备平板即可，制作时需要表达清楚地形中的要素，比如地段中的河流、湖泊和道路等。坡地地形在地形制作中较为复杂。对于概念和工作模型而言，坡地地形主要用以下两种方法表达：其一，等高线法（图5-1）。等高线是用于表达地形的重要手段，地形制作时可以直接沿着等高线剪裁材料。具体制作时，首先应选择合适的材料。材料应易于加工。材料的厚度应注意模型制作的比例。厚度应和等高线的高差一致，如果不一致，可以采用薄板或者叠加厚板。常用的材料有PVC板、KT板、三合板等。将适当比例的图纸拓印在板材上，逐块割开，层层堆叠。为了防止错乱，应标上结合线和堆叠序号。其二，综合法（图5-2）。这种方法是在等高线推积的方法上，对地形进行模拟细化。现实地段是连续的没有断层，因此等高线的做法是一种抽象的对地形的表达。为了使现实地段更加真实再现，需在等高线地形上做进一步深入制作。一般采用石膏或黏土。通过涂抹石膏或黏土，将等高线之间进行拟合，使得地形更柔和和真实。此外，如果是平地地形，直接采用二维图作为地板图形，也是值得推荐的做法。

图5-1　地形等高线表达

图5-2　地形综合表达

第三，道路的制作。道路分为城市道路和乡村道路。道路十分复杂，纵横交错。城市道路又分为主干道、支干道、小区路、组团路和宅前路等。道路在模型制作中，主要需要表达以下几个方面内容：机动车、非机动车与人行道之间的关系；道路与路间绿化的位置关系；道路形态、宽幅、转弯半径与设计场地之间的关系。在色彩上，道路一般选取灰黑色系。具体做法上，道路的路面一般直接采用底面，喷以适当的颜色。人行道及绿化部分可以用有机玻璃、草坪纸、厚卡纸贴制在底面上，这样将道路以外的部分垫起来，道路的边缘线就显现出来。其他的细节部分，诸如快慢车道、人行横道等标志线以及路缘石等，可以采用遮挡喷涂或者即时贴来表现（图5-3）。道路按照性质不同有不同的转弯半径，在制作模型时，转弯处可暂时制作成直角，后期需要按照要求进行圆角处理。

第四，底板需要表达的其他内容。底板还需要表达一些内容来标示建筑环境。主要有以下几个内容：比例尺和指北针、已有建筑物、标志性小品、道路名称、设计建筑的相关信息及设计者的相关信息（图5-4）。对于已有建筑物和标志性小品的制作，应当分清其在整体模型中的作用，避免喧宾夺主。其他辅助性内容，虽不可缺少，但也应该做到设置有序。

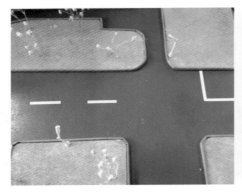
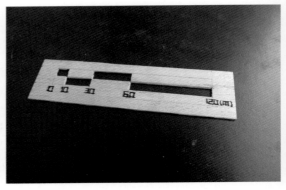

| 图 5-3　道路表达 | 图 5-4　底板比例尺的制作 |

（3）建筑主体制作

建筑主体是模型制作的核心内容。模型表达的关键内容就是主体本身。建筑模型主要通过外观表达出建筑的形态，一般而言包括建筑的屋顶、建筑的外墙、建筑的内部构造以及与地形相关联的部分。在制作之前，要对建筑单体有清楚的了解，对制作深度和精度有一定的设计。制作的精细度与建筑单体模型的用途联系密切。

建筑主体的制作过程，其实质是对设计方案建造效果的模拟。类似实际建筑是由砖瓦、钢筋混凝土等建筑材料建造而成的，建筑模型是由纸板、有机板材等模型材料，通过裁剪、粘接等手法加工制作而成。不同在于，实际建造房屋需要有一定的顺序性，遵循重力作用。一般而言，建造过程一般是从底部基础到承重框架再到围护结构直至完工，而模型的制作，可以将建筑分解成若干构件，然后再进行拼装。这样制作的好处在于可以将构件成组，相同尺寸的构件可以批量加工制作，有利于提高模型制作效率。

建筑物一般是由基础、墙体或柱、楼地面、楼电梯、门窗和屋顶组成的。模型制作时，这些组成建筑物的部分不需要都表达出来。基础部分一般位于地面以下，从外观上基本看不到，因此除了特殊表现地下构造的模型外，基础部分不作为模型制作的内容。墙体或柱是垂直的建筑构件，涉及外墙和内墙、承重柱和装饰柱。在模型制作时，能够清楚表达建筑的结构体系则有利于设计的推敲与展示。建筑模型由于采用专用材料，这些材料一般是轻质的，只需考虑自重而不用过多考虑承重。在制作时可以通过粘接将这些材料固定，因此在制作时往往忽略建筑的承重性，这点与实际建筑有一定的差别。因此，在模型制作时要想明确地表达建筑承重体系，需对方案设计有清楚的认知（图 5-5）。外墙面是建筑模型的重要部分，是制作精细的地方，要体现出建筑的材质变化和造型特点。楼地面是水平的建筑构件之一。在制作模型时，注意水平面和垂直面的关系，水平面的高度变化需要表现出来（图 5-6）。楼电梯是建筑的垂直联系部分，一般在模型制作中不需要特别表达，专门表现楼梯时需要把踏步、踢步及扶手栏杆表达清楚（图 5-7）。门窗和屋面属于建筑的外观部分，是模拟制作的重要部分。门窗在制作时一般采用镂空墙面，因此在制作墙面时应综合考虑。门窗制作需根据建筑设计立体图提供的门窗款式，选择合适的材料和技法进行装饰。用刻刀将门窗的装饰线脚刻划出来，刻画时要注意门窗线纵横两个方向的线条平行、垂直与匀齐（图5-8）。屋面在制作时要考虑形态，平屋面要注意表达出建筑的檐口处理，包括女儿墙的高度及相关做法（图5-9）。坡屋面要注意屋面坡度的确定，常用瓦面成品材料制作或者用色纸贴双面胶剪刻成细线后平行贴在同色纸上。

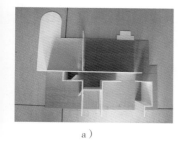

a）

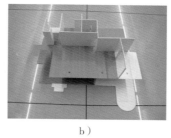

b）

c）

图5-5　模型的承重结构

图5-6　外墙面与楼地面的表达

a）

b）

图5-7　楼梯的表达

a）   b）

图 5-8   室内门的表达

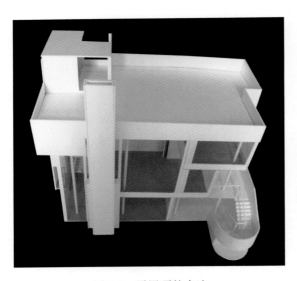

图 5-9   平屋顶的表达

（4）最后表达与配景

建筑主体制作完毕后，还需进一步细化。这些工作包括对建筑主体的调整、配景放置和模型展示准备工作。建筑主体调整主要是在拼装各个部件后，对设计主体进行完善，稳固相应接缝，整体调整模型。对于展示模型而言，还可以对模型表面进行涂饰。这样做有两个好处。其一，弥补模型组件接缝，有利于模型整体效果。其二，深入刻画建筑模型的表面装饰。这些装饰包括墙面装饰、门窗装饰、阳台装饰、屋面装饰等，可以采用裱贴、雕刻、绘制和喷涂等手法。配景的放置对建筑模型起到了画龙点睛的作用。模型配景主要包括景观类配景（绿化、水面、雕塑等）、人物、交通工具和标志等。配景有利于整个模型的气氛和真实感。一般对于概念模型和设计模型，配景主要以抽象的形象出现，主要体现建筑主体尺度，表达设计环境要素（图 5-10）。模型展示准备工作是为了更好地展现模型制作成果。把模型放置在基座上或者制作陈列柜是比较正式的做法。对于概念模型和设计模型，可以直接将模型放置在底板上，也可以悬挂或者钉于墙面上，这样有利于交流，是简单可行的展示方式（图 5-11）。

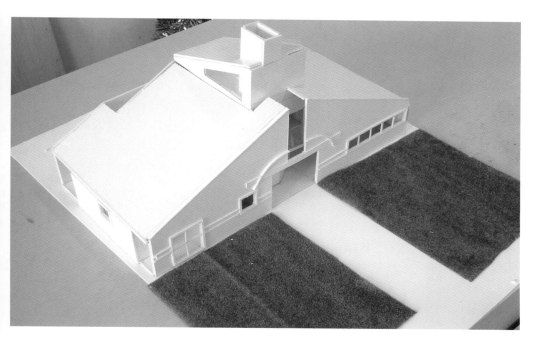

图 5-10　环境概念表达

图 5-11　竖向立起展示设计概念模型

5.2　模型制作方法

模型制作的方法，主要集中在模型材料加工方式上。模型材料基本加工主要分为切割和连接两类。切割主要使用刀锯等工具，将材料按照给定尺寸和形状进行加工。连接主要是将切割成型的材料进行组合的过程。连接相对来说方法比较多样，是我们分析和学习的重点。

一般而言，材料的连接分为直接连接和间接连接两种方式。

（1）直接连接

直接连接方法比较简单，是模型中常见的连接方式。直接连接有粘接和焊接等方法。

粘接方法主要是使用胶黏剂，将材料直接结合起来。粘接的好坏与胶黏剂质量的优劣有密切关系。常用于模型制作的胶黏剂主要有胶水、乳胶、502胶和UHU胶。在对接口粘接时应注意胶黏剂的用量。过多会导致胶黏剂流到材料表面，影响材料的整体性与质感。过少会导致胶黏剂的粘合效果不佳，影响模型的稳固性。当大面积使用，易采用喷胶，以免大量水质胶液使得材料发生变形。此外，如果粘合的板材厚度过大，板材的厚度会影响模型制作的精准度，因此须考虑模型的连接处理。可以在图纸放样时，减少构件尺度也可以通过结构柱将两个构件粘合起来（图5-12）。

焊接方法主要用于金属材料之间的连接。通过焊锡加热熔化后逐渐凝固的过程，将两个独立的金属构件固定连接。焊接所采用的工具为电烙铁。在用电烙铁之前应检查烙铁是否接地良好，注意烙铁的功率是否和所焊点匹配。具体做法是首先把焊接物体表面处理干净，不能有油污以免影响焊接质量，同时还需要用锉、砂纸或钢丝球等打磨工具将焊接物表面的氧化物清除。然后将电烙铁头用海绵洗干净，将电烙铁加热上一层焊锡，把要焊的金属放在一起，当电烙铁温度提升到能融化焊锡时，将烙铁头放在焊点上再加上焊锡丝，等焊锡融化后烙铁头在金属间隙慢慢移动直至焊锡填充整个缝隙，且待连接部位冷却固定后再挪动金属构件。焊接时温度不能过高，时间不宜过久（图5-13）。

図5-12　模型转角处理　　　　図5-13　金属焊接连接

（2）间接连接

间接连接做法相对而言比较复杂，涉及了构件的制作。间接连接有绑扎、滑接、铰接和铆接等方法。

绑扎法，主要是指使用线绳类材料将所要连接的材料捆扎起来（图5-14）。这种方法比较容易实施并且可以实现节点的多次拆解，方便模型搬移和变化。绑扎时，要注意线绳缠绕结节的方式，合理绑扎的节点本身具有建造的美感。同时，也应注意线绳绑扎的稳定性，这决定了模型的牢固程度。

其他连接方法中，主要包括滑接、铰接和铆接，其中最常用的方法是铆接。滑接是指在材料的连结点上设置一定的构造节点，通过重力等作用滑动达到稳定连接；铰接是在材料的连结点设置相应节点，像铰链一样可以旋转但不能移动，具有活动灵活且方向可调节的特点；铆接是在对接材料两边分别打眼，然后用钉穿进或用工具拧入，使两边材料连接起来（图5-15）。相比较而言，铆接使用工具相对简单，连接方便，效果牢固。

图5-14　绳与木条绑扎

图5-15　木螺钉与合页实现构件连接

（3）常见材料处理方法

①纸板类。

常见纸板类连接方法主要有以下几种（图5-16）：

使用胶黏剂，是永久性连接。

使用订书器、大头针或者线绳，可以拆卸再次拼接。

使用其他构件连接，比如采用扣眼或粘扣。这种节点可以移动，有一定灵活度，可自由拆卸。

板与板之间插接，将一定厚度板子设缝插接。

②木质材料类。

常见木质材料连接方法主要有以下几种（图5-17）：

使用木质板材，进行插接。

借助其他构件，使用钉子、木螺钉、螺栓螺母、绳带等。

采用榫接方式，吸取中国传统木结构榫卯做法。常见的有：角接与平接，扁平拼接，多榫头拼接，斜面拼接，三层搭扣拼接，镶榫拼接，暗榫拼接。

构件粘接成型

KT板由大头针连接成为楼梯

纸板插接

图 5-16　常见纸板类连接方法

木质板材插接成型

绳子绑接

通过金属构件栓接

通过其他构件连接

木枋之间榫卯连接

图 5-17　常见木质材料连接方法

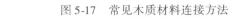

③金属材料类。

常见金属材料类连接方法主要有以下几种（图5-18）：

间接连接：使用连接器，如锁、钩；利用构件连接，如爪、螺栓；利用合页或铰链。

直接连接：主要包括弯接、捆扎与焊接。

金属之间绕接

铁丝汇聚连接

不同规格铁丝缠绕

铁丝与其他材料连接

图5-18　常见金属材料类连接方法

④塑料材料类。

常见塑料材料类连接方法主要有以下几种（图5-19）：

间接连接：常见的主要使用螺栓连接。使用螺栓可以方便塑料组合构件的分解和再组合，并能够确保组合单元具有一定的强度。

利用弹力或摩擦力的机械性连接。这种方式主要用于工业产品中，日常密封盒盖就是采用这一原理。

使用溶剂粘接。可采用相应胶剂进行粘贴，也可采用热加工方式使塑料溶解变软后直接连接。

PVC管螺栓连接

PVC管与绳子绕接

图5-19　常见塑料材料类连接方法

⬤5.3 建筑配景处理

在模型表达中，建筑配景是不可缺少的部分。配景大致分为绿化植物、湖面水景、人物汽车、路灯标志和建筑小品等。这些配景具有形式多样、体量小且数目多的特点。配景在建筑模型中起到尺度衬托、深化表现的作用。

用于制作模型配景的材料很多，现在市场上有直接成型的配景，比如各种比例大小、各种形态，各种色彩的树木，也可以看到成型的汽车、人物等。这些配景制作一般而言比较写实，色彩上比较艳丽，用展示模型时能较好地体现出逼真的效果。然而对于概念模型和工作模型而言，这些配景会略显不相衬托，精细度不一致，色彩过于突出，因此需要制作一些简洁的配景来符合设计要求。常用的可自做的配景主要包括绿地、树木、水景及构件小品等。

（1）绿地的制作

绿地对于建筑模型来讲，所占面积较大，因此在制作绿地时，首先应考虑绿地的色彩与整个模型的统一问题。对于抽象性和概念性模型，绿地往往不宜做过多表现，仅仅在与建筑相邻之处做些点缀或以底板本色表示，能够体现出绿地与建筑的区别即可（图5-20）。对于一般的模型，绿地宜选择较深的颜色，比如深绿色、橄榄绿或者土绿色，较深的色彩容易形成沉稳的感觉，有利于建筑主体的突出（图5-21）。另外，绿地的色彩上也不一定都是绿色，应按照建筑主体的颜色做出相应的变化。比如建筑墙面以暖色调为主，绿地的颜色就可以选择偏暖的颜色，可以选择淡绿色或者黄褐色等，甚至采用白色（图5-22）。

 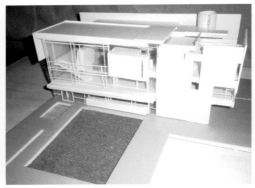

图5-20　建筑与绿化抽象关系表达　　　　　图5-21　绿地颜色宜采用深色

绿地在做法上一般分为以下几种。其一，粘贴法。主要用仿真草皮或者绿绒纸进行制作。这些材料都可以直接购买。在使用时，按照图纸设计的绿地形状材料裁剪，然后依照相应部位进行粘贴（图5-23）。对于及时贴类的草纸，粘贴时要注意顺序，从一角开始，逐渐拉开，避免出现气泡不平等现象。对于涂胶类的草纸，要注意胶黏剂的选择和涂刷，宜选择喷胶。其二，草粉法。草粉仿真程度高，有不同

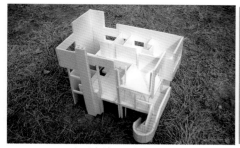
绿地颜色可采用褐色

绿地颜色可采用白色

图 5-22　绿地颜色的变化

的色彩选择。草粉制作绿地时，应均匀喷涂胶黏剂，然后根据设计需要铺洒草粉（图 5-24）。铺洒时应注意草地的疏密，以免过于呆板。其三，绘制法。这种方法简易，主要通过马克笔或者自喷漆在所需要的地方进行喷绘（图 5-25）。效果上不如前两种，但是比较快捷，容易掌控。

图 5-23　仿真草皮制作绿地

图 5-24　草粉制作绿地

（2）树木的制作

树木是配景的重要内容，一方面起到了美化模型环境的作用，另一方面给设计与观赏者提供了相应的尺度概念。树木在制作时需要注意以下几个方面。第一，树木的比例。树木在模型中起到了重要尺度指代的作用，因此树的比例显得尤为重要。过大的树木会显得建筑尺度不明确，造成建筑过小，喧宾夺主；同样过小的树木会让建筑物变大，尺度失真（图 5-26）。第二，树木的形态。自然界中的树木千姿百态，大致可以分为乔木和灌木。模型中的树木，不需要完全再现真实自然，只需抽象表达即可。把握自然界中树的主要形态，化繁为简。对于概念模型和工作模型，抽象的树能起到较好的衬托作用（图 5-27）。第三，树木的色彩。树木的色彩也是千变万化的。放置到建筑模型中，色彩则不能完全再现，需要根据建筑主体的色彩做相应的变化（图 5-28）。

树木在做法上多种多样（图 5-29）。可以采用自然中的原枝或者是经过处理的干枝枯叶，也可以采用模型卡纸、金属丝、海绵、塑料泡沫、冰岛地衣及丝瓜瓤等。不拘于特定做法，但是需要把树的比例、形态和色彩表现到位。

图 5-25　颜料绘制绿地

图 5-26　树木的尺度

图 5-27　树木的形态

图 5-28　树木的色彩

a）

b）

c）

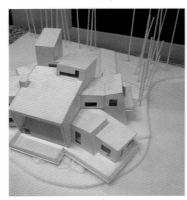

d）

e）

图 5-29　树木的做法

（3）水景的制作

水景是建筑模型配景的组成内容。水景在制作时，首先应注意色彩和整个建筑的协调，蓝色的选择上不宜过浓。其次适当注意水面与陆地的交界处理。如果是水池，则需要表达出水池边界，如果是自然水面，可以放置一些碎石用以过渡。

水景的做法相对而言比较简单。其一直接用蓝色纸按照要求进行剪裁粘贴（图5-30）。其二采用绘制的方法，喷画出水面（图5-31）。制作时应注意水面与地面的高差处理。其三采用特殊材料制作，用于指代水面（图5-32）。此外，在水面涂色上加盖透明有机玻璃板也是可以采用的做法。一方面可以调和喷涂的颜色，使色彩更加柔和；另一方面有机玻璃板在阳光照射下，有一定的反光，能反射出建筑主题的倒影，模型效果大为提升（图5-33）。

图 5-30　色纸制作水面

图 5-31　绘制的水面

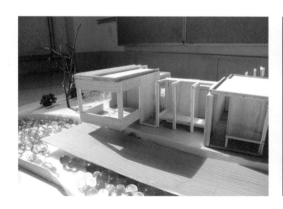

图 5-32　特殊材料表达水面

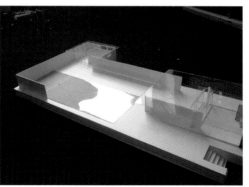

图 5-33　有机玻璃表达水面

（4）构件小品的制作

构件包括路牌、围栏和小品等。这些构件变化比较多样，但是制作并不复杂，基本上是按照真实情况的再现。采用材料是易加工的卡纸和 PCV 杆等。加工手法上也以剪裁和粘接为主，配以适当的色彩喷涂。这些构件在建筑模型中，数量不宜过多，起到点睛作用即可（图5-34）。

图 5-34　构件小品

⊃5.4　模型制作表达实例

　　纸质模型是设计过程中最常使用的类型之一。这是因为纸质材料品种繁多，有一定的可塑性，形体适应性强，而且加工十分容易，价格也较为低廉。本节将以纸质类材料作为模型主材，分析建筑模型制作表达的过程。

（1）认识设计图，把握设计重点

　　方案是一幢别墅的设计。从图 5-35 中可以看到，该别墅建筑的场地特征。设计用地形状规整，场地南部有一处湖面，用地范围内有一定的地形起伏变化。总体上而言，设计用地条件良好，环境优美。

　　设计的出发点在于如何应对场地的地形变化，为一个家庭设计安居之所。从设计图来看，建筑不仅包括了客厅、起居厅、一间主卧、两间次卧、书房、餐厅、厨房、卫生间及车库等基本功能，还有茶室及观景平台等的设置。这些功能空间的组织，围绕着地形变化，考虑到南部湖面的景观作用，呈上下两层布局（图 5-36）。方案构思的核心在于以"院落"为中心，体现中国传统院落空间精神，屋与院的境界是设计表达的关键。

（2）构思模型制作方案

　　首先，明确模型的使用目的。从设计图来看，方案基本成熟，因此制作的模型是在设计定稿阶段对方案的表现，用于直观地校对功能组织，体验空间感受。具体制作构思上，模型应该准确表达出设计的内容，对于各个功能的展现可以通过模型屋面的可开启得以实现。设计重点是关于庭院的展示，模型主体应采用单色为主，用以突出院落在设计中的重要性。此外，地形的高低处理也应有所表现。

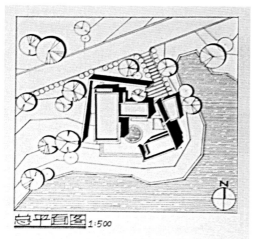

图 5-35　方案总平面

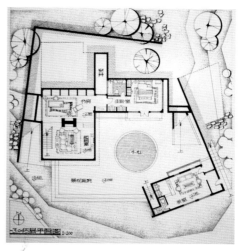

图 5-36　主要平面图

（3）绘制模型图

综合模型构思考虑和建筑体量大小，模型制作比例采用1∶50。制作材料主要采用5mm厚的KT板。这个厚度的KT板按照模型比例计算，正好与250mm厚的墙体一致，能够指代粉刷后的一般墙体厚度（图5-37）。将设计图按照模型制作的比例进行绘制，得出建筑的平面和相关立面，并且核对相关数据。

（4）制作底板

底板的制作主要体现环境的高差变化。该底板采用等高线的表达方法。从图上来看，建筑入口标高与景观庭院标高有3m多的高差。从剖面图来看，建筑内部空间形成了两个高差。因此在地形制作上，预先留出了地形高差变化之处。湖面处理上，以等高线变化表现堤岸。由于主要表达建筑的内部院落，因此湖面没有深入表达（图5-38）。

图 5-37　材料选择

图 5-38　底板的表达

（5）制作建筑主体

建筑的主体主要包括墙面、门窗、楼地面、楼梯、屋面与其他构件。方案设计的外墙面为素混凝土材质，内墙墙面为粉刷，因此模型上直接采用 KT 板材制作（图 5-39）。门窗在相应的位置挖出洞口，以镂空来直接指代，并结合设计，制作出了窗檐及挑檐（图 5-40）。方案中，设计了一些木质百叶窗户，模型制作采用航模木板用以指代，与白色墙面形成一定对比（图 5-41）。楼地面直接采用 KT 板材（图 5-42）。楼梯的制作主要表达了踏步，用相同的矩形小块叠加而成。考虑到楼梯踏步的尺度，每个小块减少了一定的厚度（图 5-43）。屋面以平屋面为主，因此模型直接采用平整的 KT 板来指代。值得注意的是，平屋顶在构造要求上需要有女儿墙，模型制作时应有所体现（图 5-44）。其他构件中，在起居厅空间中，围绕着中间壁炉展开，壁炉烟囱的设计则需要重点强调，模型制作中烟囱构件贯穿至屋面（图 5-45）。

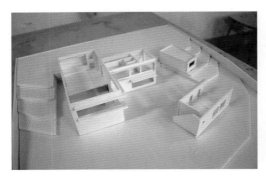

图 5-39　外墙与内墙表达

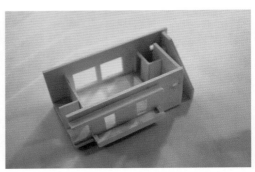

图 5-40　窗户的表达

图 5-41　木质窗的表达

图 5-42　楼面地的表达

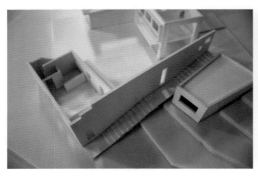

图 5-43　踏步的做法

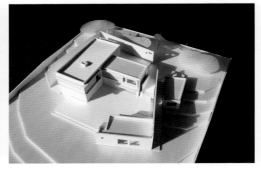

图 5-44　平屋面的表达

（6）制作配景

模型体量不大，造型简洁，因此配景不宜复杂，以免主次不分。模型的配景采用抽象表达手法，用透明纸张刻画出树冠的大致形态，用铁丝作为树干，简洁明确，起到配景应有的作用（图5-46）。

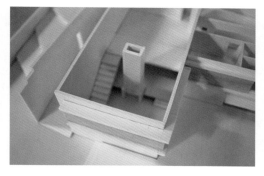

图5-45　烟囱的表达

图5-46　配景的表达

（7）最后展示

模型成果展示，检查成品拼接是否牢固。将周围以暗色调处理，突出模型主体，起到良好的作用（图5-47～图5-49）。

总体来看，该模型基本上表达了方案设计的基本构思，突出了院落空间在设计中主导作用这一重点内容。尽管模型在一些细节还有待深入表达，但基本上满足了该设计阶段的需求。从模型上直观分析设计，不难发现，方案设计的建筑空间丰富，室外营造了四个不同的院落空间，与内部空间有一定的呼应。同时，从模型中也能看出设计的不足。设计还需进一步细化院落空间，同时建筑立面也应深化。

图5-47　整体模型表达

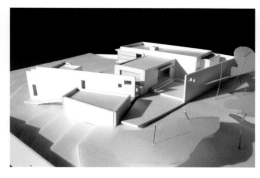

图5-48　入口处形体表达

图5-49　临水面形体表达

建筑模型的色彩选择

　　建筑模型在制作时，不仅需要考虑构思的独特性、模型材料的选择，还应考虑模型的整体色彩搭配。同样的模型制作内容，色彩搭配不同，形成的模型效果也是截然不同的。本章在色彩基本原理的基础上，介绍建筑模型在色彩选择方面的基础知识。

建筑模型表现效果的优劣直接与色彩运用是否得当有密切关系。制作精美的模型如果所选材料的色彩不和谐统一，人们也会忽略模型制作的手法与精细程度，从而影响对方案的正确评价。因此在进行模型的色彩选择时，模型制作者需要了解色彩搭配的基本知识，同时也需要对常见建筑模型的色彩进行学习了解。

6.1 色彩基本原理

色彩是人类认知自然世界的基本内容之一。人类通过感知不同的色彩感知自然的存在与发展。现代科学研究证明，色彩是人类所接受的信息中最为重要的，深刻影响人们的认知活动。作为模型制作者，需要了解色彩的概念，掌握色彩的体系，灵活运用色彩的调色原理。

（1）色彩的概念

人们之所以能够辨认物体的形状，很大一部分是依靠物体的色彩，通过不同的颜色才能辨认出物体。大多数物体本身并不发光，因此只有在光线的作用下，物体才能呈现出色彩，也就是为什么我们在黑夜中难以辨识物体色彩的原因。没有光就没有色彩，光线是色彩形成的原因。引起色彩的感觉正是光线的作用。

自然光或灯光等光源发出的光线，照射物体，再通过反射、透射等方式进入眼睛，眼睛透过神经系统反馈给大脑辨识颜色。由此可见，在视觉色彩形成过程中，光线、物体、眼睛与神经系统起到重要作用，称为视觉三要素（图6-1）。色彩的概念可以定义为：色彩是光线照射物体后，刺激视神经而产生的感觉。色彩的研究从针对光的物理学研究、针对眼睛和神经系统的生理学研究、针对感知的心理学研究三个方面展开。

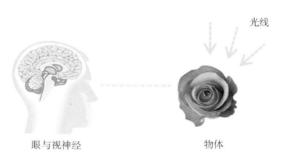

图 6-1 视觉形成

人类很早便开始认知与应用色彩。在先秦时代，开始逐步形成以自然光和社会观相结合的"五色观"（青、赤、黄、白、黑），深远地影响了中国传统色彩理念。直到十七世纪，牛顿发现了七色光谱，色彩科学研究迈入了新纪元（图6-2）。根据现代物理学研究，色彩的本质实际是电磁波。不同波长的电磁波性质不同，其中被人眼所感知的是波长在 380~780nm 的可见光，包含了波长范围在 780~622nm 的红色至 455~380nm 的紫色七种色彩。

物体表面的性质不同，对光线的作用不同，产生了不同的色彩。对于透明物体而言，光线部分被反射与吸收，大部分透过物体的光线决定了物体的颜色。当所有光线都透过物体时，物体呈现的色彩为无色状态。对于不透明物体而言，光线部分被吸收，大部分发射的光线决定了物体的颜色。当所有光线都被吸收时，物体呈现的色彩为黑

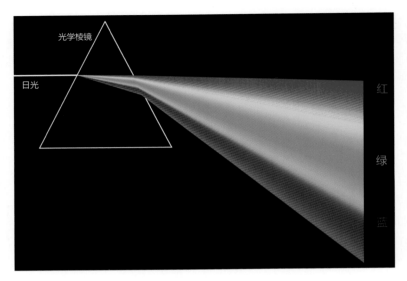

图 6-2　七色光谱

色状态。看上去为红色的物体，是因为当光线照射到该物体，红、橙、黄、绿、青、蓝、紫七色光谱只有红色被反射或透射出来，于是视觉便感受到了红色。

（2）色彩的体系

①色彩分类。

色彩大致分为无彩色系与有彩色系两大类。无彩色系包括黑色、白色和灰色。无色彩的黑白灰之间有明暗的差别，其中黑色最暗，白色最亮，灰色介于其中，形成不同的明度色阶。有彩色系是除了黑白灰以外的所有颜色，是可见光谱中全部的色彩。以红、橙、黄、绿、青、蓝、紫为基本色。基本色与无彩色之间不同量的混合形成了千万种色彩。

②色彩的属性。

色彩的属性包括色相、纯度、明度，即色彩三要素。若把色相比作肌肤，明度则为骨骼。色相体现了色彩的外向性格，纯度体现了色彩的鲜浊程度，明度体现了色彩的明暗关系。三种属性分别从不同的角度区分了不同的色彩，是色彩基本的构成要素，是掌握色彩应用的基本前提。

色相（简写为 H），各种色彩的相貌称谓，例如大红、普蓝、柠檬黄等。色相是色彩的首要特征，是区分色彩的主要依据。从光学意义上讲，可见光谱不同波长的辐射在视觉上表现为不同的色相。色彩的成分越多，色彩的色相越不鲜明。同时即便是同一种颜色，也可以分为不同的色彩。为了方便使用与区别，将色彩中选定了特定的标准色作为颜色秩序识别的色相环。色相环种类繁多，有六色、十二色、二十四色、四十色色相环等。其中，十二色色相环最为常用。十二种色彩的确定是从最初的基本色相开始，包括红、橙、黄、绿、蓝、紫六种基本颜色。在各色中间加插一两个中间色，依次为红、橙红、黄橙、黄、黄绿、绿、绿蓝、蓝绿、蓝、蓝紫，紫、红紫，制出十二种基本色相（图 6-3）。将十二种基本色相带圈起来，各色彩按照不同角度排列，构成环形关系，形成十二色色相环。如果在此基础上进一步再找出其中间色，便可以得到二十四色色相环。基本色环能直接表达色彩之间的关系，并体现互补色的关系，对色彩设计和处理有重要意义。

明度（简写为 V），色彩的明暗、深浅程度，例如黄色比蓝色的明度高。明度的产生是不仅取决于物体照片程度，而且取决于物体表面的发射系数。在色彩系统中，白色为高明度色，黑色为低明度色，中间为中明度色。因此，色彩可以加白提高明度，加黑降低明度。色彩的明度可以分为两种情况：一种是同一色相的明度差别，如同一种红色可以分为亮红、淡红、暗红等；另一种是各种色相的明度差别，柠檬黄的明度最高，蓝紫色的明度最低，红绿色的明度位于中间。此外，明度的高低还受到人眼分辨程度的影响。当处于过亮或过暗的环境中，眼睛对于明度的辨识能力有所降低。

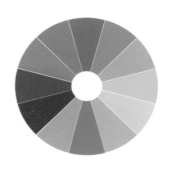

图 6-3　十二种基本色相

纯度（简写为 C 或 S），色彩的鲜艳、纯正程度。纯度表明了色彩含"灰"的程度，因此也可称饱和度、彩度。不同原色相的颜色纯度是不同的，色相环上的色彩纯度最高。无彩色没有色相，纯度为零。一般而言，有四种方式使色彩纯度发生变化。加白，可以减低纯度，提高明度，但色相会发生偏差；加黑，可以同时降低纯度和明度；加灰，可以得到不同纯度的含灰色，色彩柔和；加互补色，用补色掺色，可以将色彩淡化，产生灰色。

③**色彩的规律。**

色彩学中原色、间色、复色是基本知识，是色彩构成基础。此外，还涉及色彩的冷暖关系等基本内容。

色彩中的三原色、三间色、六复色是常见色彩系统中的主要颜色。原色是色彩中最原始的、无法再分解的基本色。原色的纯度最高，是任何颜色都无法调出的第一次色。原色分为光色原色与颜料原色两大类。光色三原色是指红、黄、蓝三种。颜料三原色原来是指朱红、普蓝、正黄或中黄，在色彩新理论中，三原色定义为玫瑰红、湖蓝、柠檬黄。间色是由两种原色混合调配而成的，也称为第二次色。一般通过颜色的三原色等比例调配产生三种间色，分别是红色和黄色混合产生橙色，黄色和蓝色混合产生绿色，蓝色和红色混合产生紫色。间色的纯度低于原色。如果两种原色在混合时各自所占分量不同，调和后就能形成较多间色。复色是指原色和间色混合，或者间色与间色混合形成的颜色，也称为第三次色。复色的纯度低于原色和间色，是色彩中经常使用的色彩。复色色彩也比较多样，标准的六复色分别是红色和橙色混合产生红橙，黄色和橙色混合产生黄橙，黄色和绿色混合产生黄绿，蓝色和绿色混合产生蓝绿，蓝色和紫色混合产生蓝紫，红色和紫色混合产生红橙。复色可以通过三原色、两种间色、原色与灰色、间色与灰色混合调配而成。复色明度与纯度都较柔和，能够起到缓冲与和谐画面的作用（图6-4）。

原色、间色与复色做成环状，便形成了上文中所述的色相环。从色环中可以看出色彩的基本规律。一个原色与另外两个原色混合的间色，颜色互补，在色环上呈180°相对放置，我们把这样的颜色称为补色。补色是一对完全不同的两种颜色，从色环上看，红色的补色为绿色，蓝色的补色是橙色，黄色的补色是紫色。补色是对比最为强烈的颜色，互补的颜色混合可以明显降低色彩的纯度（图6-5）。

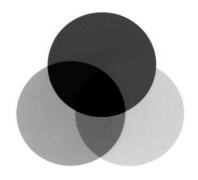 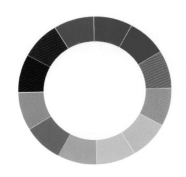

图6-4　颜色三原色　　　　　　　　图6-5　颜色色相环

色彩还有冷暖之分。本身色彩在冷暖上没有区别，但是经过人的视觉，会在心里产生冷暖的感受。常见的青、绿、蓝、紫等色彩为冷色，红、黄、橙等色彩为暖色，灰色、熟褐、熟赭等色彩没有明显心理倾向，称为中性色。冷色使人联想到冰雪、天空，暖色使人联想到阳光、火焰。冷色使空间更加深远，暖色使空间充满活力。

（3）色彩的搭配

两种以上的色彩组合在一起，产生的效果是否给你带来愉悦，感受到美的存在，主要依靠于色彩之间的配置。设计作品的美在于形态、色彩、材料及工艺的美，而其中色彩对视觉的刺激最为明显，即是色彩搭配的问题。同样的形态、材料、工艺，因配色不同，而导致华丽、明亮、温暖、强烈等不同的感觉效果。色彩搭配实际是一种秩序感的体现，基本的搭配方式有对比与调和。

①色彩的对比。

当两者色彩并置时，色彩的色相、纯度、明度、冷暖等方面便产生了相应的对比。掌握这些对比的基本规律，有利于色彩的搭配。

色相对比是指将不同色相的颜色相互并置形成的差异性。色相的对比强弱，可以通过色相环上颜色的相对位置关系得以判断。两种颜色在色相环位置之间的距离越远，所在位置的角度越接近180°，这两种颜色之间的色相对比就越强烈。上文中提到的互补色就是色相强烈对比的一组颜色。此外，还有类似色、邻近色、对比色等概念都是源于色相之间的对比关系。类似色与邻近色是指在颜色中含有一定量的共同色素，具有一定的色彩共性，比如大红、朱红、橙红等都是相似色。对比色是指在颜色中双方不含或较少含有共同的色素，比如黄绿与蓝紫含有少量的青色素，形成对比色。互补色是在颜色中双方不含有共同的色素。由此可见，在色相上，类似色与邻近色对比相对较弱，而对比色与互补色对比相对强烈。对比色并置时，易形成鲜艳夺目、色彩力度饱满的效果。色彩搭配时，颜色对比运用得当，能够使其相得益彰，效果更显强烈。

纯度对比是指不同的纯度差异形成的色彩之间的对比。纯度的对比与色彩的色相、明度对比有一定的关系。纯度的对比可以是同一色相的纯度对比，也可以是不同色相之间的纯度对比。当纯度差异小，纯度对比较弱，具有协调一致的感觉，反之则产生较强的色彩冲击感。相比色相对比而言，纯度对比显得较为隐蔽、内敛。为了直观表现纯度的变化，可以通过纯度等差色标进行观察。具体做法是，取一个纯色，调入不同比例的灰色，从灰色至纯色分成 10 个等级，其中 1~3 为低纯度区，4~7 为中纯度区，8~10 为高纯度区。色彩纯度对比强弱则由不同等级纯度之间的差异形成。等级相距越大，纯度对比越强，反之对比越弱。一般而言，当纯度等级距离在 5 级以上时，纯度对比为强对比；3~5 级为中对比；1~2 级为弱对比。色彩纯度对比高的颜色搭配时，视觉感华丽、兴奋；纯度对比低的颜色搭配时，视觉感柔和、沉静。

明度对比是将不同明度的色彩并置产生不同的明暗对比。明度对比是色彩间深浅层次的对比。色彩的明度对比分为两种情况：一种是同种色彩混合白色或黑色形成的从浅到深的明度变化，一种是不同色彩之间的固有明度差异。源于同一种色相而明度有所差别的称为同类色。例如深红、大红、玫瑰红、浅红、粉红等。同类色对比是相对比较弱的对比。明度对比对色彩的图形轮廓、体积空间、光线表现等都至关重要。当两种固有明度比较高的色彩在一起时，如橙色与黄色并置时两者都会显得比较明亮；当两种明度比较低的色彩在一起时，如蓝色与紫色搭配时两者都会显得更加暗淡；而当明度高的色彩遇到明度低的色彩时，如黄色与紫色一起使用时各自则显得更为鲜明。

冷暖对比是将不同冷暖性质的颜色并置产生心理感受差别（图 6-6 和图 6-7）。色彩的冷暖是相对而言的，不能简单地说红色是暖色，蓝色是冷色。红色本身也有冷暖之分，比如大红比玫瑰红相对暖一些。颜色的冷暖还受到环境光的影响。因此，色彩的冷暖是在微妙的对比情况下出现的差异倾向，并不是一成不变，符合人们的色彩心理感受。

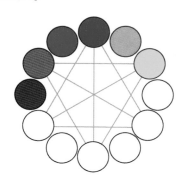

图 6-6　暖色调颜色

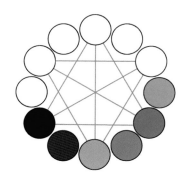

图 6-7　冷色调颜色

②**色彩的调和。**

色彩的调和是自然世界与人的视觉感受之间的平衡需求，是指色彩搭配的秩序感和平衡感。在某种意义上，秩序意味着调和，色彩的互补原理为色彩调和与平衡提供了很好的理论支持。色彩的调和包含着力量的平衡，这种平衡是一种动态的体现对比与调和之间的关系，两者之间既联合又分离，对比和调和是色彩的两大特性，构成了色彩美的两大基本因素。

色彩调和分为两种：一种是类似调和，是指色彩中含有较多的共同要素，包含了统一调和与近似调和，取得微小的差别，体现一种静而柔的视觉感受；一种是对比调和，是指色彩在属性上有明显差别，需要增加相应的共性，取得彼此之间的和谐，体现一种动而烈的视觉感受。具体包括色相调和、纯度调和、明度调和等。

色相调和是指不同色相的相互并置色彩调和，寻求画面的整体感与趣味性。邻近色、同类色并置时，对比相对较弱，容易产生统一的效果，但总体色彩往往不够明朗，画面整体缺失了一定的活力，可以通过对邻近色、同类色在明度、纯度等方面的变化来加强色彩之间的调和感。对比色、互补色并置时，对比效果强烈，应注意色彩之间的平衡搭配，处理好各色的面积、位置等关系，可通过寻找明度、纯度、冷暖上共性，以实现调和。

纯度调和是指不同纯度、不同色相或不同明度之间的颜色调和，也可以是同一纯度，不同色相或不同明度之间的颜色调和。色彩纯度的改变通过加入黑白灰或者补色等手段得以实现。同一纯度色彩的调和，因为纯度一致，比较容易取得调和的效果，明度、色相改变都能改变颜色之间的调和效果。对比纯度色彩的调和，可以运用色相或明度的邻近与类似增强调和感。

明度调和大致分为同一明度的调和、邻近明度的调和、类似明度的调和与对比明度的调和四种情况。同一明度的调和是颜色明度相同，色相、纯度或者两者存在对比，这类色彩的调和方法相对简单，相应的变化色相与纯度，能产生含蓄、丰富、高雅的视觉效果。邻近明度的色彩具有统一和谐感，但明度变化缺少明确变化，因此通过改变色相和增加纯度，可以获得整体调和。类似明度的调和，明度有一定变化，色彩表达含蓄、柔和，色相与纯度稍加变化便能取得不错的效果。对比明度的调和，明度存在差异，对比反差较强烈，通过色相与纯度的共性的加强，取得平衡，易获得强烈、明快的视觉感受。

由上可以看出，在色彩构成的色相、纯度、明度三个要素中，两个要素在性质上接近，改变另一个要素便能实现调和，目的较易达到。同样，有一个因素在性质上统一或接近，则需调节另外两个因素，便可以达到一定程度的调和。除此之外，色彩的调和还受到冷暖、面积、形状等因素的影响，需要在色彩实践中不断尝试调和的方法。

⊃6.2 建筑模型的色彩选择

模型的色彩选择需要遵循上文所说的色彩基本原理，同时在实践应用中，由于模型制作的特点，将基本原理应用到制作过程中。模型在色彩选择上，需要考虑建筑模型主体和建筑配景两个方面的色彩。

（1）模型主体的色彩

模型主体主要是指所制作模型的建筑单体或者建筑群体，这是模型制作所表现的核心部分。模型主体的色彩决定了模型整体的风格。我们赖以生存的大自然有着绚丽的色彩，所有的物体都有自己独特的颜色，色彩与人类世界密不可分。一位艺术家曾经这样说过："色彩对我来说是绘画的一个最重要的方面，一旦我开始绘画，我就完全沉浸于光和影所反射的色彩之中，被色彩引起的兴奋和激情改变了我的创作计划。"因此，色彩对于模型的表达显得尤为重要。

模型主体在色彩选择时应注意以下几点。

①**整体协调一致**。建筑模型主体在制作时，色彩不能过多，简洁而不单调，整体和谐而不花哨。模型的色彩表达其实与建筑方案的色彩表达有一定的一致性。建筑方案在表达上，色彩主要突出图面的整体性，因此有建筑漂亮灰的说法。之所以是灰，其实质就是一种整体的统一。模型的色彩也是如此。模型在表现上会尽量模拟实际建筑的表达，但是现实中建筑所采用的色彩一般都是采用纯度不高的建筑材料，体现出的是整体一致性，因此表现出模型主体的色彩也是统一的。另外，对于概念和工作的模型，色彩往往采用单一浅色，这样可以更好地关注建筑方案本身。一般而言，模型主体颜色的选择与建筑的性质有关。公共建筑多采用冷色调，而住宅建筑宜采用暖色调；北方建筑宜采用偏深的颜色，而南方建筑宜采用偏浅的颜色；活泼性质的建筑多采用暖色调，而庄重的建筑采用偏冷色调。

②**重点突出**。这是对整体协调的补充。整体一致并不是要求模型在色彩选择时，不能有突出颜色，相反适当的跳跃色恰恰能为整个模型主体提供亮眼之处，起到了画龙点睛的作用，这也符合色彩的对比原理。这个重点部分，往往是设计者所希望表达的，区别于其他建筑的重要之处，因此通过色彩的对比，可以较好地强化设计，引起人们视觉注意（图6-8）。在具体应用时需注意，重点的部分色彩不能使用过多，面积不宜过多，否则会消弱表现的重要性。

图6-8　黄色构件成为室内表达的重点

③**注重条件的影响**。建筑主体在色彩选择时，还应注意模型尺度、模型环境、展示环境等条件对模型色彩的影响。首先，由于建筑主体模型尺度上与实际相差较大，因此色彩上会因为尺度的缩小有所变化。如果一味按照真实建筑色彩进行色彩选择，会导致明度、纯度的加强。因此，需要对色彩进行修正。其次，模型的色彩受环境的影响较大。一方面是指模型主体本身受到模型配景的影响。其中，地面和绿化对模型主体影响最大。地面是为了突出建筑主体的，因此在纯度上要比建筑物弱。

图6-9　彩色模型配白色地面

深色建筑可以尽量少选深色地面，容易产生色彩雷同，可以采用浅色铺地（图6-9）。浅色建筑可选用深色地面，这样做可以使人感觉建筑较稳定（图6-10）。浅色建筑也可以选择浅色底板，整个模型干净简洁（图6-11）。另一方面是指模型在展示时受到周围环境的影响。模型在制作时的环境与展示时的光环境会有一定差别，因此在模型主体设计时应注意光色的变化对主体颜色的改变。

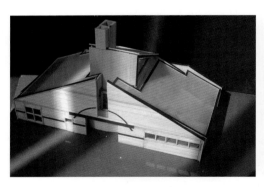

图6-10　木色模型配深色底板

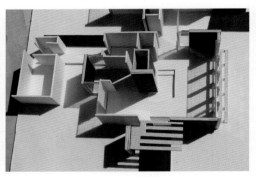

图6-11　淡色模型配浅色底板

在概念模型和工作模型中，常见的模型主体所采用的色彩主要有以下几种类型：1）白色（图6-12和图6-13）。白色是最纯净的颜色之一。模型在选择白色时，可以抛开色彩对设计的影响，专注于设计的本身。制作精致的模型，白色更容易体现出模型的工艺水平。此外，白色的建筑模型在照射下会产生强烈的光影效果，为设计者丰富构思提供了资源。许多建筑大师本身钟爱白色建筑下的这种纯净，美国著名建筑师理查德·迈耶便是以白色的建筑而闻名于世（图6-14和图6-15）。2）单一色调。这种单一色调主要包括各种浅灰色。浅灰色的模型主体，与白色模型的作用类似，会对设计本身起到作用。与白色不同的是，浅灰色和周围环境比较容易协调，容易和其他颜色搭配使用，重点突出。3）彩色色调（图6-16和图6-17）。这里的彩色并不是简单的对现有建筑色彩的真实模仿，而是经过加工设计的，用于突出设计重点的一种色彩选择，整个模型主体往往采用两到三种色彩进行表达，其实质是通过色相的对比强化模型的表现力。

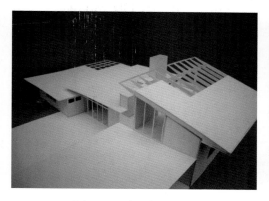

图 6-12　单一白色模型

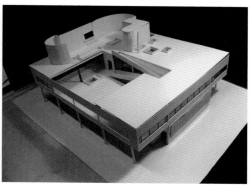

图 6-13　白色为主色模型

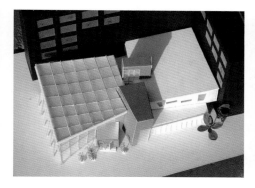

图 6-14　白色与灰色模型

图 6-15　白色与木色模型

图 6-16　彩色屋面模型

图 6-17　彩色模型

（2）模型配景的色彩

模型配景的色彩选择要体现出配景在模型中的地位与作用。不能采用过多抢眼的色彩，喧宾夺主。具体而言，配景的选择主要注意以下几个方面。

①**与建筑主体色彩统一**。模型配景往往以抽象的形态出现，因此在色彩上，配景的色彩选择也应该符合抽象的意味，采用与主体色彩统一的原则（图6-18）。这里的统一包括两个方面的含义。其一是建筑主体的完全统一，即建筑主体采用的色彩是配景采用的色彩。这样做的好处仍然是突出建筑设计本身。也有采用透明色的建筑配景，效果和上述一致。其二是配景本身的统一。配景的色彩不是源于建筑本身，但是配景本身采用整体色彩，这样的选择，使整体色彩选择有序，与建筑主体有一定的对比，整体的配景色彩也自成一体，符合配景的作用（图6-19）。

图6-18　配景色彩与模型统一

②**真实反映实际效果**。最常见的配景色彩就是真实再现实际效果（图6-20）。绿化由于在配景中面积比例大，因此绿化的色彩对配景的色彩起到了决定性的作用。绿化的色彩纯度上不宜过高，明度上要比地面高，这样才能使其突出地面，符合设计要求。人、车等配景的色彩因为数量少，因此可以选择得相对丰富一些。可以选用一些纯度高、明度大的色彩。当然任何色彩都不是固定搭配的，需要根据建筑主体、底板大小和比例尺度而进行调整，在制作过程中不断尝试创新。

图6-19　配景色彩自成一体　　　　　　图6-20　配景色彩真实再现

模型制作与方案设计

　　建筑模型制作的根本目的在于展现设计方案，从而达到推敲设计方案的目的。在这方面概念模型和工作模型对设计的推进作用更为突出。本章将通过分析不同模型类型的制作与展示，体会模型制作与方案设计的关系。

建筑模型不仅是建筑方案设计表达的手段，更重要的是通过对模型的研究，可以直观再现设计方案，推进设计的深化。建筑模型从三维实体的角度表达设计，使设计者与使用者能清晰且整体观察到设计方案，尤其在细部节点的设计中，模型可以采用真实材料等比例模拟设计，起到设计图无法实现的作用，展现出模型的优势，为方案设计的深入提供了一种可利用的强大探索方法。

下面我们将通过一些实例，分别从不同的侧重点来分析模型制作与方案设计的关系。这些实例选自建筑学本科不同年级的学生作业，在模型制作表达上各有特点。有的表现等比足尺模型，有的分析空间组织，有的展现概念设计等。通过不同类型的模型，可以更好体会模型与设计之间的联系。

首先介绍的四个例子是主要针对建筑设计入门阶段所学内容的模型表达。模型作为设计表达的一种方法，从下面的四个例子中，可以看到对不同设计、不同材料、不同工艺的表达，也可以看到对同一个设计要求，不同方案之间的比较。每一个设计实例从题目要求、设计构思、模型构思、制作过程、细部展示、模型点评等几个方面介绍，展现从模型到设计的全过程。

➲ 7.1 "坐" 的设计——1∶1 模型制作

按照 1∶1 的实际尺度进行模型的制作，这个过程本身就是一种真实的建造过程。实际尺度的足尺模型制作，不仅可以体会到设计从二维图到三维实体转化的过程，而且还可以直接参与材料加工、搭建制作、使用体验等一系列环节。

"坐" 的设计，便是从人的使用行为出发，设计时考虑到如何满足 "坐" 这一动作，并且合理选择材料，设计并制作出方案，体会 "坐" 的感受。

(1) 设计要求

设计一把（或组合）供成人使用的放在室内平地的椅子（应有座面和靠面），满足坐的行为需求。

要求对实际材料性能有基本认识，其中包含材料性质、受力特点和节点组织；对于设计全过程的体会和实践；对于设计的造型美观考虑。

具体要求包括以下几个方面。

①**材料要求**：可以自行加工材料，包括但不限于板材（纸板、木板、保温板）、条形材料（木条、纸筒）、柔性材料（线绳、铁丝）等材料。

②**节点处理**：能承受力的作用，并有一定逻辑，须由设计者自行加工而成。

③**作品要求**：作品应该能承受成人（60kg）坐上去 10min，具有一定的安全感、舒适感和形式美感。

(2) 设计构思

"坐" 的设计，是从人的使用为思考点的设计练习。座椅设计体现了一种综合设计能力，要求在人这一特定尺度下解决使用、造型、材料、工艺等诸多问题，因此许多建筑大师都有独特的座椅设计。

设计构思从满足坐的行为考虑，希望能设计出可以有多种坐姿的可变形的方案。材料上希望使用有一定强度材料满足受力需要，并使用柔性材料满足舒适度要求。具体操作上，设计从游戏俄罗斯方块中块体得以启发，通过这种可拼接性来实现坐的多种可能，满足不同坐的需要。图7-1所示的草模初步展示了设计想法，座椅以正方体为原型，通过线绳的绑扎，形成坐面和靠面，同时还考虑了色彩在模型中的应用，阐述了设计者对"坐"的思考。

a)   b)

图7-1　模型草模

（3）模型构思

模型在设计制作中，主要体现方案特点。方案分为两个主要部分：其一是立方体的刚性部分，起支撑作用；其二是柔性部分，起辅助作用。选择材料时，刚性部分考虑到材料的受力特征与可加工性，主要选取了截面尺寸为20mm×30mm的木龙骨。该尺寸的木龙骨容易加工，有一定的承受力，并且价格低廉。柔性部分主要选择尼龙绳为主要材料。尼龙绳能承受较大的拉力，有一定的弹性，又有耐久性，可以满足舒适性需要。

由于方案设计是以组合的形态出现，因此模型制作可以分组制作，然后进行拼接，最后形成完整的设计作品。

（4）制作过程

模型实施过程分为两个阶段：第一个阶段是1:2试做模型；第二个阶段是1:1正式模型。图7-2所示模型为试做阶段模型，这个阶段对设计有很大的推动作用。从方案上，完成了从草模到大比例模型的转化，明确了设计思路，确定了方案的基本形态。从材料上，初步认识了刚性材料与柔性材料之间在性质、加工、表达等方面特性。从工艺上，尝试了木材之间的连接方式，探索了不同绳子的编织方式。图7-3所示模型为正式阶段模型。该模型作为设计成绩的最终表达，在设计上进一步完善了立方体块之间联系稳定性的问题。在材料加工上避开龙骨上的结疤，选择了平整度较好的材料。在工艺上较好表达出了设计者对两种性质不同的材料的掌控能力。

图 7-2　1∶2 试做模型

图 7-3　1∶1 正式模型

图 7-4　木龙骨连接节点

（5）节点分析

图 7-4 所示为木龙骨的连接。主要采用榫卯的结构，将木龙骨拼装成立方体。图 7-5 所示为木龙骨与绳的连接。主要采用绑扎的方式，通过在龙骨上钻眼，固定绳的位置。图 7-6 所示为绳与绳的连接。主要采用编织的方式，将绳从不同的方向编织成网，承受坐与靠动作的作用力。图 7-7 所示为座椅组合可变性。根据坐的需要，可呈现出不同的形态。

图 7-5　木龙骨与绳连接节点

图 7-6　绳与绳连接节点

（6）作品展示

图 7-8 是作品的正式展示。模型清楚地表达了设计构思，满足了不同"坐"的需要，单人独坐与众人齐坐都可以实现。

（7）模型点评

真实材料大比例的模型，将设计从纸面转化为现实，在建造过程中体会设计不断完善的过程。模型制作中，对木材、尼龙绳两种材料的性质、加工、制作等有深入了解，在接触材料过程中，亲自动手加工材料，强化了在设计工作中重要材料的意识。

（该案例选自北方工业大学建筑学学生李迎、傅佳玥、李润奇、刘洋的作业）

a）

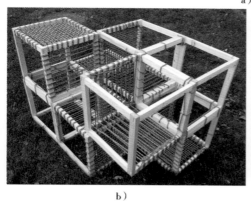

b）

c）

图 7-7　形态组合

图 7-8　"坐"的展示

⊃7.2 佳作分析——模型再现经典

经典建筑作品之所以被人们欣赏，是因为这些作品集中体现了建筑大师的设计观，对空间操作、形式生成的手法。通过分析这些经典建筑实例，以模型的形式再现大师作品，可以直观观察到建筑作品特点，学习建筑大师的设计手法和个人风格，从而体验与分析建筑的空间处理是建筑设计学习的重要内容。

佳作分析是对建筑设计手法学习和积累的重要方法。通过对作品的分析，应有两个方面的训练：一方面是提高图示分析能力，通过图纸绘制，挖掘设计方法；另一方面是提高模型表达能力，通过模型制作，体验空间操作。

（1）任务要求

选择建筑大师的代表性作品，深入分析研究该建筑平面、剖面、立面、透视图及照片和说明文字，了解作品的环境条件、设计手法、大师生平等，制作模型，建立作品空间形象，并绘制相关图纸。

具体要求有以下几个方面。

①**建筑图的识别**。大师作品绝大多数可以搜集的资料是二维图，需要根据二维平面符号，即建筑平面图、立面图、剖面图，建立准确的三维空间关系，再现建筑实体形象。

②**加深建筑专业理解**。从建筑设计观念出发，初步掌握建筑的六个基本组成体系及其相互关系。六个体系包括：环境体系，建筑师对建筑所在环境条件的理解，进而为其他体系的建立提供依据；空间体系，对建筑特定功能要求的理解和空间形态的满足（包括体量、方位和相互关系等）；交通体系，对建筑内部各部分之间及外部之间相互关系的理解和空间形态满足；结构体系，对保证建筑的牢固性、经济性、灵活性的力学理解和实体满足，如何支撑、搭建建筑实体；围护体系，对建立空间体系等方面所要求的安全、舒适等方面的理解和实体满足，并为造型体系的确立提供一定的物化手段；造型体系，对特定功能、环境的建筑形象美的富有个性特色的理解和实体形态满足。

③**了解建筑作品分析的基本方法**。学习建筑作品分析的基本方法，进而建立正确的建筑创作观念。建筑作品的分析过程是应建筑设计过程而确立的。

（2）佳作选择

有影响力的建筑大师的作品表达了其杰出的才智与人格魅力。作为表彰当代建筑师最高荣誉的普利兹克建筑奖，为作品选择范围提供了参考。选择建筑大师作品时，首先需要了解大师生平，挑选自己喜欢的大师，进而对其作品的相关资料进行搜集，进一步加深对作品的设计手法和特点的认知，选择其中典型作品，完成模型制作与图纸分析工作。

图7-9所示为日本建筑大师安藤忠雄作品小筱邸。这个作品是安藤忠雄众多作

品中具有代表性之一。小筱邸特殊性在于其所处环境，该建筑的选址选择在日本兵库县芦屋市国立公园内，西高东低的地形变化成为设计师灵感的来源。安藤忠雄将两个平行排列体块和半个圆弧嵌入基地中，将一层设计地面下标高，巧妙解决了基地内的高差关系。安藤忠雄运用简单几何体和单纯混凝土材料且尊重基地的特性，内部空间富于强烈的明暗对比和光影变幻，形成融入自然又启迪心灵的生活场所。正如其所言，住宅是一个可以慰藉心灵的场所。

图 7-9　小筱邸（安藤忠雄）

（3）模型设计

模型制作需要表达出作品的精髓之处。小筱邸的精髓在于大师对自然环境"无"的态度，将人造之物与自然互动。外显在作品中的便是宁静的混凝土外墙、简洁的几何形体、适当的空间留白。

材料选择上应以单色材料为宜。

（4）实施过程

因为是对大师已有作品的展现，所以制作中应尽可能在尺度上做到准确，比例形态要一致。模型材料上，选择白色卡纸板作为主要材料。首先，用尺规、铅笔将图纸按比例绘制于白色卡纸板上，并且核对相关数据（图 7-10）。其次，制作模型底板。由于作品是在缓坡上，底板需要表达地形的变化。这里采用了较厚的白色 KT 板，用等高线的方法展现出地形高度起伏（图 7-11）。建筑主体的制作主要采用白色卡纸板。主体分为三个部分分别制作，拼接完成最终模型（图 7-12）。

图 7-10　图纸放样

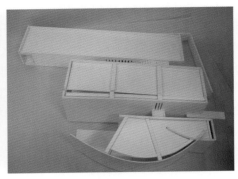

图 7-11　地形制作　　　　　　　图 7-12　建筑主体

（5）细节展现

图 7-13 所示为室外空间展示。连续的踏步成为空间的核心。模型真实地反映出作品的立面风格，并通过有机玻璃纸反射出踏步，增加了空间的趣味性。图 7-14 所示为内部空间展示。模型表达了作品中的内部采光特征。图 7-15 所示为立面展示。简洁统一的处理手法与作品整体一致，并直观体会到地形与作品的处理。图 7-16 所示为剖面展示。通过剖切，展现内部空间变化与屋顶处理。图 7-17 所示为内部功能展示。模型通过可开启的手段，清楚表达了作品的内部空间。

图 7-13　室外空间　　　　　　　图 7-14　内部空间

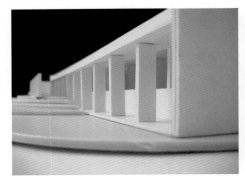

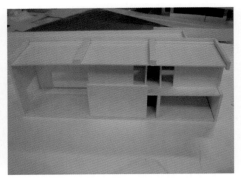

图 7-15　立面展示　　　　　　　图 7-16　剖面展示

图 7-17　内部功能

（6）成果展示

图 7-18 所示为模型成果，比较完整地展现了大师的作品。

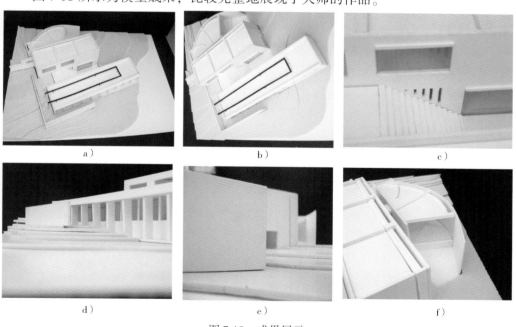

a）　　　　　　　　　　b）　　　　　　　　　　c）

d）　　　　　　　　　　e）　　　　　　　　　　f）

图 7-18　成果展示

（7）模型点评

通过模型的制作，训练了识读图纸的能力，强化了空间想象力。通过模型与图纸两种不同的表达手段，深化了对作品的认识，学习并积累了相应的设计手法。

（该案例选自北方工业大学建筑学学生杨睿琳等同学的作业）

⏵7.3 空间设计——从模型认知空间

建筑用于满足人们生产或生活实际物质需要，这是建筑空间的基本功能属性。除此之外，不同的空间会带来不同的体验，引发空间的精神功能。因此，空间是建筑的核心，是建筑设计的主要内容。优秀的建筑设计作品一定有其丰富的空间感受。

空间设计正是强调空间在设计中的重要性。在给定的尺度中，设计相应的空间，满足人的基本行为与活动，并且产生一定的空间心理感受。空间尺度的限定，使设计排除了其他因素，集中在空间本身的变化上。

（1）设计要求

在尺度不超过"3×3×3"的模数范围内，设计个人空间，满足个人的基本生活需求。"3"可以选择为1m或2m，空间设计是在27～216m³中展开的。个人空间设计应从空间功能与空间感受为设计出发点。要求通过墙、家具的布置及地面材质、高差的变化对空间做出限定和划分，满足人的各种活动要求，形成富有趣味的室内空间。此外，空间应该至少划分出上下两层。

具体要求有以下几个方面。

①**深化佳作分析的成果。**佳作分析中获取的具体设计手法，可以通过空间设计这个题目进行演变，灵活运用。

②**培养初步的空间想象能力，体会空间处理手法。**强化空间核心概念，进而不断积累空间设计手法，深化空间体验。

③**培养基本的人体尺度概念。**空间设计需要满足人的生活需要，行为的展开应符合一定的尺度概念。

（2）方案设计

空间设计的难点在于，在满足人的行为活动的前提下，如何丰富空间的感受。因此，空间的趣味性成为设计的重点与难点。图7-19所示设计，内部空间以十字柱为核心，灵活布置的墙体将空间进行了划分。这些墙体仿佛随意布置，平面形态自由有序。设计灵感受到了绘画作品的影响。设计者被荷兰风格派画家作品——俄罗斯舞蹈的韵律所吸引，借用风格派抽象的绘画手法，将穿插、交叠等方法灵活运用到空间设计中。空间位置的对立打破了过于秩序的统一，体现出一种非对称的动态均衡，符合形式美的基本原则。

（3）模型设计

空间设计题目主要展现空间，因此模型在制作时，宜设计成为可开启的状态，以便直观观察到内部空间的情况。空间尺度的展现也是另一个需要表达的要求，可以通过人或者内部家具来体现。材料上宜选择简洁单纯材料。卡纸与KT板都可以作为较好的材料，加工方便，展现单一，有利于对空间的表达。

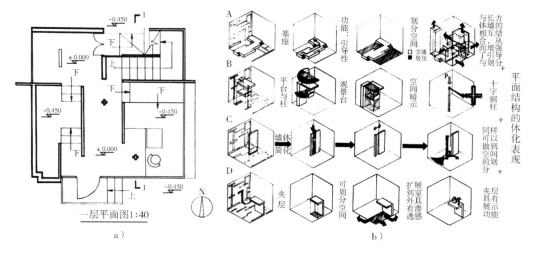

图 7-19　设计平面图

（4）制作过程

　　模型是单纯的空间展示，因此无须表达周围环境。模型制作从地面开始。将设计图按照比例放样到 KT 板上，考虑到材料的厚度，按比例正好符合地面空间高低变化，放置在底板上形成地面空间（图 7-20）。逐步叠加至设计高度，竖立空间划分墙面，形成第一层空间（图 7-21）。继续完成其他墙面及楼面、屋顶，处理栏杆及踏步台阶，完成制作（图 7-22）。

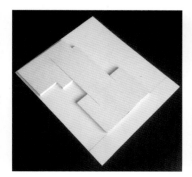
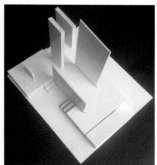
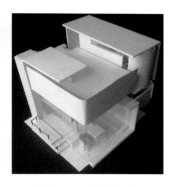

图 7-20　地面制作　　　　　图 7-21　墙面制作　　　　　图 7-22　模型完成

（5）细部展现

　　图 7-23 所示为内部空间展示，高低错落，左右错动的墙面，灵活划分空间，增加了空间趣味性。图 7-24 所示为一层空间展示。不同标高的空间，以片墙、柱为空间划分介质，模型展现了丰富的空间变化。图 7-25 所示为二层空间展示。模型表达了一、二层在空间上的贯通，并体现局部的楼梯设计。图 7-26 所示为空间尺度展示。模型通过室内的家具，展现了空间的尺度。室外台阶与栏杆，同样说明了设计的尺度。

图 7-23　内部空间　　　　　　　　图 7-24　一层空间

（6）成果展示

图 7-27 所示为最终设计成果，展示了整体外部效果。通过模型的制作，屋顶部分进一步完善了设计，水平片墙的加入丰富了屋顶构图。

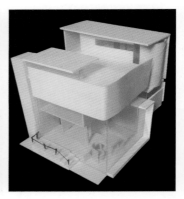

图 7-25　二层空间　　　　　图 7-26　空间尺度　　　　　图 7-27　整体效果

（7）模型点评

模型比较完整地表达了设计对空间的解读，从模型观察到的是富有动态、趣味性的空间，满足了会客、学习及休息的需要。略有不足之处在于，模型对结构的表达欠缺，也反映出设计对该方面考虑较少，还有待深化。

（该案例选自北方工业大学建筑学学生马尧同学作业）

7.4　小型游客中心——以模型作比较

建筑设计过程实际是提出问题、分析问题和解决问题的过程。设计者围绕着设计条件给出自然环境和人文背景，解决建筑的功能使用、流线组织及形式生成等一系列问题。设计过程的必要环节包括任务解读、资料搜集、构思产生、方案比较、修改完善等方面，需要不断实践掌握。

小型游客中心设计，是一个规模不大的题目。虽然难度不大，但是设计中所需要注意的环境、功能、流线、造型等问题一一展现。设计者可以初步体会设计的过程，并运用图纸与模型的表达手段来促进设计的完善。

（1）设计要求

为了满足北方某公园游客休息问询的需要，拟在公园湖边新建一所小型游客中心，用地内有一棵古树需要保留（图7-28）。该游客中心作为整个游客服务的一部分，负责参观游客来此问询、饮茶、休息、去卫生间等的需要，其他功能（如交通换乘、购物纪念等）不在此游客中心考虑。

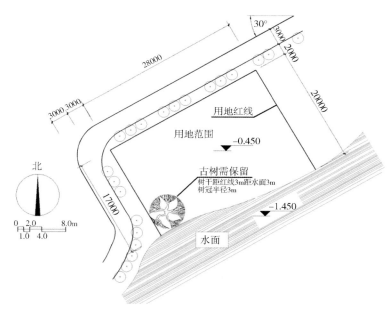

图7-28　基地选址

该建筑的总建筑面积为150m²（上下可浮动5%，各部分的面积分配可依据具体情况作适度调配），建筑层数一层为主。

具体功能及面积分配见表7-1。

表7-1　建筑功能及面积分配

序号	功能名称	面积要求	使用要求
1	问询、饮茶休息、售卖	约70m²	要求具有良好的景观朝向、自然通风与采光条件
2	卫生间	自定	满足200人使用的需要，考虑无障碍卫生间设计
3	管理室和储藏室等	约40m²	便于管理与储藏
4	门厅、走道等	约20m²	方便联系各个空间

此外，由于用地环境良好，在设计中需要结合室外环境设计特定的户外展示和休息场所，占地面积至少为70m²。

具体有以下几个方面的要求。

①加强对设计过程进一步的理解和深入，包括对基地环境分析、实例调查与资料搜集、多方案构思比较及深化等过程的认识和学习。

②训练建筑环境意识。在限定的地形条件下，从环境分析入手进行功能组织和把握空间构成关系的能力。

③训练空间设计意识。进一步理解和掌握空间组合的基本方法以及与空间关系相对应的形式审美规律。

④强化佳作分析成果。进一步理解建筑各个体系间的内在关系。

⑤强化建筑设计表达。进一步学习并掌握图纸与模型的表现方法。

（2）设计构思

设计条件为设计者提供了构思的基本思路。设计用地平整，大致呈矩形。基地北侧与西侧有道路与园区相连接。南侧紧邻湖面，为场地较好的景观条件。基地中的古树，给场地增加了可观赏的层次，但同时也为设计提出了限制。方案对功能的要求清晰，其中对外功能包括问询、茶饮、售卖及卫生间，主要供游客使用；对内功能包括管理、储藏等，主要供工作人员使用；此外，还有门厅走道等公共服务部分。流线上，大致分为游客流线、工作人员流线和货物流线。

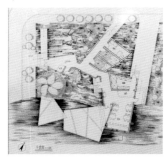

图7-29 方案一

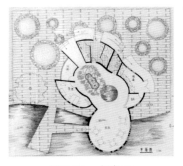

图7-30 方案二

不同的设计者对方案有不同的思考。下面从三个不同的角度说明设计构思的差别，同时体会模型对方案的不同表达。

图7-29所示方案一：

设计者从环境的角度出发，考虑建筑形体、湖面与古树之间的关系。具体作法是，以多个四边形为设计原型，以古树为中心，将四边形有机联系在一起。考虑场地中湖面的景观，四边形的主要朝向都朝向水面，形体的高度从高到低依次向湖面展开，直至亲水平台。

图7-30所示方案二：

该设计以"和"为设计概念，试图营造出室内与室外相呼应的和合空间。建筑形态上以弧形墙体为主要手段，内部空间引入树木成为景观点，与室外古树遥相呼应。弧形的饮茶休息空间，挑于水面之上，宛如一点水珠，形成小建筑的独特视觉形态。

图 7-31 所示方案三：

该方案设计者从功能入手，不同功能的空间有机地组织在了一起，既保证了功能的完整性，又保证了组织的合理性。功能的有序组织形成了最初的设计方案。交通流线的合理布局，主次入口的设定及建筑内外的流线形成了设计的最初构思。

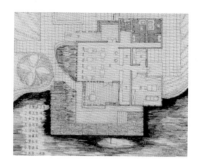

图 7-31 方案三

（3）模型设计

各个方案在模型制作时，首先应该考虑场地环境的表达。环境中湖面与古树应在模型制作中有所体现。其次，需要表达设计的特点。方案一需要重点制作形体，形体之间的高低关系、形态关系处理要着重表现。方案二建筑内的树木与内部空间的关系是表达的重点，另外曲线墙面是模型制作的难点。方案三建筑功能组织清晰，制作可开启屋顶，以便展现内部空间。

（4）制作过程

图 7-32 是方案一的实施。环境表达主要通过彩色纸来表现环境要素。蓝色纸表达湖面，绿色纸表达绿化。场地中保留古树，用真实树木的树枝指代。重点表达的形体，因为方案在形体造型上借鉴了树枝的形态，模型上呈现出大小不一的块状分布。具体制作上，以透明玻璃板为底面，上面采用软木片，按照设计贴置，方法简洁，表达也比较清楚。

图 7-33 是方案二的实施。建筑主体采用木板条制作，一方面符合设计中对立面的木质表达，另一方面多段木条比较容易形成弧形，设计中弧度墙面制作问题迎刃而解。建筑内部的树木，采用干树枝自行制作，形态明确，表达得体。

图 7-32 方案一模型

图 7-33 方案二模型

图 7-34 是方案三的实施。模型中对环境的表达有一定的创意。湖面在卡板涂色的基础上附着有机玻璃板，水面的视觉效果强烈。建筑主体采用短木条拼接成型，模拟真实墙面建造。屋面的可开启性，使建筑内部功能组织展现得更清晰。

图 7-34　方案三模型

（5）细部展示

图 7-35 所示为方案一形体立面展示，虚实对比。图 7-36 所示为内部空间与外部环境关系展示。

图 7-37 所示为方案二内部树木与空间展示。图 7-38 所示为圆弧墙面展示。图 7-39 所示为临水形体展示。

图 7-40 所示为方案三建筑墙面做法展示。图 7-41 所示为临水处理展示。图 7-42 所示为场地小品展示。图 7-43 所示为室内布置展示。

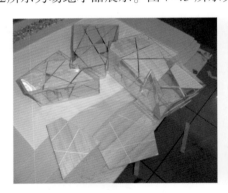

图 7-35　方案立面表皮

图 7-36　内部空间与外部环境

图 7-37　树木与内部空间

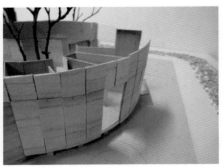

图 7-38　圆弧形墙面

图 7-39　临水形体

图 7-40　墙面做法

图 7-41　临水处理

图 7-42　小品展示

图 7-43　室内布置

（6）成果展现

图 7-44 所示为方案一的最终模型展示。图 7-45 所示为方案二的最终模型展示。图 7-46 所示为方案三的最终模型展示。

（7）模型点评

各个模型所选用的材料类似，但是制作表达手法却各有特点。方案一木片与有机玻璃、方案二短木片的弧线处理，方案三短木棍的叠加。手法简单易行，对方案的表达也清晰明了。不足之处在于，方案一对环境的表达过分依赖同一材料而缺少生机，方案二对建筑使用空间的尺度表达还应该深入。相比而言，方案三比较全面完整地表现了设计者的构思。

（该案例选自北方工业大学建筑学学生张珣、夏颖、毕全欣同学作业）

图 7-44　方案一最终效果

图 7-45　方案二最终效果

图 7-46　方案三最终效果

下面介绍的例子以小型建筑为主。以三个设计模型表达为例，方案的重点分别在于立面设计、地形处理、单元式表达等方面，从题目要求、设计构思与模型点评等几个要点，说明模型对小型建筑设计的推进作用。

7.5　餐馆设计——立面的设计与实现

建筑立面的细化是建筑设计的重要步骤之一。通过对餐馆立面的设计分析，可以看到模型在设计推敲中所起的作用，并且能体会到模型对做法的具体指导。

（1）**题目要求**

题目要求在一繁华商业区内建一个餐馆，设置150～200个座位，为商业区的顾客、工作人员和附近居民提供早餐和便餐。设计者可根据自己所构思的餐馆的经营特点或建筑风格来确定餐馆的字号。地段在商业区的一个夹缝地段。周围建筑均为两层。餐馆地段与两旁建筑物的交接处均不开窗。

建筑形式不作具体限制。希望设计者在学习中西方餐馆范例的基础上，满足基本功能要求，创造出建筑功能、内在环境和沿街立面俱佳的餐馆形式。建筑室内空间应适用、灵活、富有个性。沿街立面既是街道空间的一个组成部分，又要独具个性。

具体有以下几个方面要求。

①餐馆的餐厅部分在建筑使用类型上属于流动性较大的公共空间，而使用时段又有相对集中的特点。餐馆的厨房及辅助部分在建筑使用类型上属于固定的操作空间。

②餐馆建筑在功能流线组织上有明显的"外线"（顾客活动线路）和"内线"（工作人员活动线路）、"人流"（顾客、工作人员活动线路）和"物流"（食品操作流程）的区别，而在食品操作流程中又有生食与熟食、面食与副食的区别。

③餐馆建筑还需注意，室内能将流线组织与地段的有效利用相结合；建筑形象及材料的个性化；人活动的基本尺度等。

（2）**设计构思**

设计地段处于夹缝内，周边餐馆林立且均为两层建筑，能够露出的立面成为了是否吸引客流的重点。方案构思在考虑空间和流线的同时，着重强调立面的设计。以突出立面为主导思想，大胆的构思，以块状化的材料，对立面加以组合。此外，转角处设计了交通空间，解决上下楼层的问题。

（3）**模型点评**

设计重点强调了两个内容：其一是立面的模块化处理，其二是转角的楼梯设计。模型在制作时，先确定了结构墙体的位置及体块的穿插关系，然后对构件进行拼装。模型采用的主要材料是常见的白色卡板和透明玻璃板。图7-47所示为模型的立面表达。模块化的设计处理，模型如何表达？制作者大胆运用了生活中常用的物品——订书钉，钉子本身具有一定的尺寸，长度可变，方便使用。此外，钉子本身是金属材质，形成模型别致的材质特点。钉子错落有致的排列方式，形成了特殊的韵律和美感。图7-48所示为转角立面。设计伊始转角为一处楼梯。模型制作时，增加了透明玻璃板，形成与主立面的对比，互相衬托。另外，玻璃手工绘制横纹处理，增加了此处的细部可观性。图7-49所示为配景制作。配景树木为手工制作，用彩色纸缠绕而成，丰富了室内外的空间效果。图7-50所示为剖切关系。清楚表达了室内的层数关系，并且直

图7-47　立面表达

观看到室内楼梯对层高的影响。图 7-51 所示为完成效果。总体上看，特殊材料的运用及体块的穿插和虚实关系，成为模型制作的夺目之处。不足之处在于，制作工艺、粘接质量还需提高。

（该案例选自北方工业大学建筑学学生李迎同学作业）

图 7-48　转角处理　　　　　　　　　　图 7-49　配景制作

图 7-50　剖切关系　　　　　　　　　　图 7-51　最终效果

⊃ 7.6　别墅设计——地形的高差与水面的处理

环境是建筑设计首先考虑的要素，不同的方案对环境有不同的解读。通过下面案例的分析，可以看到模型在地形高低变化、地貌较为复杂时与设计的互动。

（1）题目要求

在风景区内建独栋别墅，供一个家庭在某一季节使用或长期使用。用地环境幽静，树木成林，有支路在附近经过。设计必须考虑与周边环境的协调和统一。总建筑面积为 300m²。设计要求空间适用、灵活、富有个性；各主要使用房间的相互关系应合理有序，可以起居空间为中心进行组织，具体组织方式由设计者自定；应重视室外空间的设计，并与室内空间联系密切，互为延伸和提升。建筑形式不作具体限制；设计者应在满足基本功能要求的情况下，创造出建筑和环境俱佳的别墅形式；结构设计采用框架结构或其他合理形式。可采用较高品质的材料和富有特色的地方材料。

具体有以下几个方面要求。

①合理分析探究其生活方式及生活特点，并把这些分析探究作为设计的依据。根据所学建筑美学的基本原理和构图规则，把空间组织、体型塑造、结构与构造、工艺技术与材料等有机地组合为一个为特定的"别墅主人"服务的整体。

②学习多种而不仅仅是一种与环境协调的手法；积极探究空间组织的变化和界面材料的应用；积极尝试有特点的结构与构造做法；体会功能、技术、艺术、经济、环境等诸因素对建筑的作用及它们之间的辩证关系。

③在设计中，重视人的生活、重视环境特点、重视草图和模型，始终把草图的绘制和模型的制作作为设计思路的形成过程和设计思想的表达方式，学会用草图、模型来清晰而恰当地表达设计意图，同时学会对自己的设计用准确的语言阐述。

（2）方案构思

基地位于风景优美的景区内，自然条件优越；东面和南面有美丽的湖水围绕，东北方向有一座石桥，基地内部及附近区域植被的种类、数量、色彩都十分丰富。从基地到周边地形的方向与采光方向相逆，形成了良好的采光面，较容易满足采光的要求，对于设计是非常有利的因素。故在设计时着重考虑建筑与周边环境的协调统一。与平地不同，此地段有些许高差，在设计时需要注意，可先制作出地形模型进行分析，这样比较直观，易于设计。周边有湖水环绕，在设计时将建筑分为两部分，连接的廊道架于水面之上，从而得到良好的景观。

依据概念草模的演变成果，对不同部分安排不同的功能区域，充分考虑其空间的大小关系、私密关系、室内外关系等。在东西立面可以明显看到跌落使得走廊在坡地上空与坡地相呼应，南北两部分由两层走廊连通，木质立面与玻璃形成虚实的对比，前后体块的对比使建筑立面形式丰富多样（图7-52）。南北立面能够看到南北两部分1.5m的高差，也正是因为1.5m的高差使南北两部分给人不同的心理感受，可以看出两部分围合而成的中央空间即是户外活动场所（图7-53）。

图7-52　方案东立面图

（3）模型点评

模型制作并没有采用复杂的写实手法，而是采用概念性变动。采用纸箱板和木条为主要材料。图7-54所示为地形表达。地形的高差可用纸箱板按照等高线依次做出，层叠粘贴。图7-55所示为建筑主体表达。制作时，先确定建筑在地形中的位置，然后绘制剪裁纸板并进行拼装。该设计因在景区内，故选用木色模型材料，以

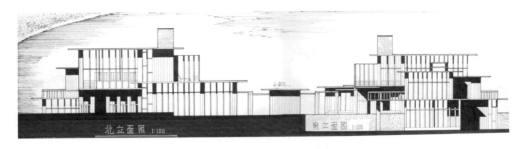

图 7-53　方案南北立面图

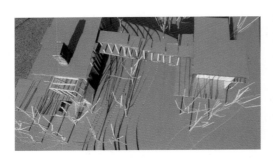

图 7-54　地形表达

达到与周围环境的协调统一。图 7-56 所示为建筑墙体表达。墙体采用木条拼接，一方面表现了墙体的建造方式，另一方面色彩上与纸箱板相匹配。玻璃采用镂空的方式。图 7-57 所示为建筑桥表达。设计中有一座起到联系作用的桥。桥的制作，表达了桥的结构与围护结构，有利于下一步对设计和图纸的深化。图7-58 所示为完成效果。配景的抽象化处理，与整体模型制作一致。水面的处理和高差类似，表现水由浅至深的效果。整体上模型采用简洁的手法，表达清楚，视觉效果好。

（该案例选自北方工业大学建筑学学生毕全欣同学作业）

图 7-55　建筑主体

图 7-56　墙体表达

图 7-57　设计中的"桥"

图 7-58　最终效果

7.7 幼儿园设计——单元式设计表达

（1）题目要求

题目要求在北方或南方设计一所六班幼儿园。总建筑面积为3000m²左右，其中包括生活用房、服务用房和供应用房。其中，基本功能单元由活动室、寝室、卫生间、盥洗室及衣帽室等组成，每班应有相对独立性。其活动室、寝室应有南向采光，底层活动室应有与室外活动场地连通的条件；每班设一个不小于60m²的室外专用活动场地。要求建筑功能分区明确、相互联系方便；场地内综合解决好功能分区、出入口、停车位、道路、绿化、日照、卫生和消防等问题。

（2）设计构思

设计基地选择了南方地区，具体场地位于浙江省绍兴市柯桥镇。基地南向临河，东南方向有规划的城市公路，周围建筑建于80～90年代，高度以二类、三类民居居多。

构思从题目本身出发，对幼儿园的设计概念加以解析，从中发现问题并试图解决问题。幼儿园是为孩子们创造的小世界，各个班的孩子虽然同处一个幼儿园，却分散在场地中的不同空间，相互之间没有联系，缺乏互相交流玩耍的机会。

方案试图寻找并为孩子们创造生活中的交集，为他们营造一个活跃的交流空间。在这个大空间里，有多个小聚落和无数个小空间组成，在满足幼儿尺度的条件下，为彼此间的沟通交流创造多种可能性。宛如森林一样，孩子们在其中天马行空地奔跑、追逐。在不断移动中，体会空间不断变化的丰富感受。高耸的屋顶和暖暖的灯光成为空间设计焦点，为孩子们留下有趣的童年记忆。幼儿园面向老城周边居民，成为触发社会活力的场所之一。

（3）模型点评

对于表达单元式建筑而言，模型制作上要充分利用图纸，降低工作强度，提高工作效率。该模型利用计算机绘图，将重复单元的图纸加以分解，通过激光切割机加工材料，形成构件，再通过粘接制作完成。模型制作准确，成型速度快，达到表现设计的目标。

图7-59所示为建筑入口。八字形的开口，徐徐向上的窗洞，吸引孩子们的到来。图7-60所示为内部庭院。不规则的五边形庭院，为孩子带来不一样的空间感受。配景树木，色彩搭配统一，抽象表现了树影婆娑的感觉。图7-61所示为活动场地。采用瓦楞纸，色彩上与整体呼应。质感上与墙面不同，对比中指出活动场地的范围。图7-62所示为门窗细节。可开启的门窗，在与外界带来沟通的同时，也有利于自然通风。图7-63所

图7-59　建筑入口

示为屋面细节。模型表现屋顶采光的可能性。图 7-64 所示为最后成品。模型色彩统一，比较清晰地表达了设计构思。不足之处在于，从图 7-65 来看，场地中局部高差处理在模型中还需要进一步深化，也反映出在场地设计中的薄弱环节。

（该案例选自北方工业大学建筑学学生孙艺畅同学作业）

图 7-60　内部庭院

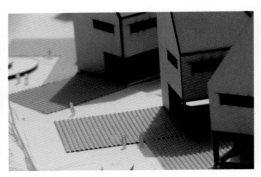

图 7-61　活动场地

图 7-62　门窗做法

图 7-63　屋面做法

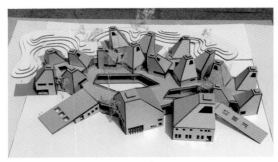

图 7-64　最终模型

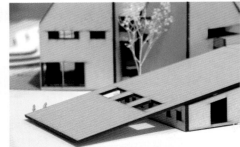

图 7-65　高差处理不足

对于大中型的建筑方案中，模型对设计作用主要表现在两个方面。其一，对方案进行概念性表达设计。通过模型将方案整体展现出来，可直接观察到设计结果。其二，对方案的细节对敲。下面的案例中，一个模型主要表现了概念设计中的细节推敲，另一个模型表达了整体概念设计。

7.8 旅检大楼——建筑概念设计表达

（1）题目要求

题目是设计一个旅客安检大楼。内部涉及各种复杂流线的组织，同时还有大跨度空间的设计要求。

设计围绕两个内容展开。其一：概念设计，从一个概念出发，涵盖了整个设计任务内容。确定一种材料，对材料的深入设计，研究建构的可能性，并应用于建筑的局部设计。完成从提炼概念、概念与材料关系、概念到细部设计的整体设计。其二：方案设计，在分析任务的基础上，形成总体构思，解决多种复杂流线在总图以及建筑中的组织、跨度较大的建筑结构选型与形式问题。完成总图分析、总体构思、平面与剖面设计、建筑形态与立面设计、细部大样设计的设计实践。

具体要求有以下几个方面。

①培养从理念到空间、实体的设计能力；

②初步具有运用空间、表皮、材质、技术等表达自己的理念的能力；

③充分认识观察和分析周边环境的重要性，并体现在设计中；

④强化严谨分析和辩证思维能力；

⑤对于大空间结构有一定概念。

（2）设计构思

设计方案的起始点是从流动变化的口岸交通和节奏快速的生活为设计出发，提出了"脉和流转"的设计概念。通过对旅检大楼功能、所处位置、周围人文以及自然环境的思考，在设计过程中，紧扣概念主题，不论从外部形态还是在建筑内部，都围绕着"脉"的概念进行深入。

从外部形态，设计试图通过光滑而扭转的外部形体，简洁而有力的流动式开窗，表现"脉"的盘绕而上。留出洞口可实现内外视线的交流，以体现旅检"脉"的流动性、半透明化（图7-66）。

图7-66 方案外部形态效果

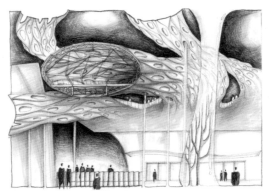

图7-67 内部空间

在内部组织，以"脉管"为特色的交通空间，管状的通道明确了功能特点，疏散人流，使得人流合理分离，达到建筑使用基本要求（图7-67）。行人成为流动的主体，通过人们不同的空间感受，赋予了建筑的即视感，增加了空间的趣味性，与人的行为形成了良好的互动。

（3）模型点评

模型表达核心展现了"脉管"的设计概念，这一概念贯穿设计。模型在制作上，分成了两个部分：第一个部分表现内部的结构特征，涉及如何形成空间结构体系；第二个部分表现外部的形态设计，涉及造型变化与内部空间的呼应。

模型制作采用PVC板、PVC塑料管、铝箔纸为主要材料。PVC板与管，有一定的受力强度，并且可以起到互相支撑的作用，能模拟指代结构框架的搭建。铝箔纸，可塑性好，有一定的贴附性，且有一定的光泽，可以指代扣板等建筑材料所产生的效果。

图7-68所示为整体方案的概念表达。可以看出，方案的核心构思在于方盒子中的管状结构。图7-69所示为管状空间结构模型。结构以拱形为主要形式，并辅以拉杆支撑。模型清楚表达了拱形结构的支撑方式，并将拱与拱之间的连接也从建筑设计的角度提出了解决方案。图7-70所示为管状空间结构的细部。模型表现了局部节点的受力情况。图7-71所示为管状表皮表达。表皮不规则的洞口形式，展现出脉的动感。图7-72所示为管状表皮与结构。表皮与结构的概念，通过模型的局部打开得以展现。图7-73所示为管状结构内部。内部模型真实再现了结构与表皮融合下的室内情况。模型人的放入，有利于空间尺度的表达。

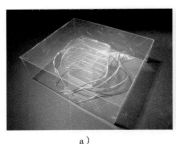
a）

b）

c）

图7-68 方案概念

整体上，模型清楚表达了设计核心，结构完整性与表皮可变性都较清晰地进行了表现。模型构思新颖，表现主题明确，达到了良好的设计促进与展现效果。

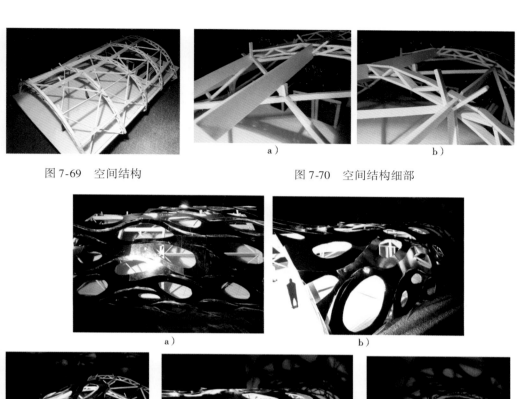

图 7-69　空间结构　　　　　　　　　　　　图 7-70　空间结构细部

a）

b）

c）　　　　　　　　　　　d）　　　　　　　　　　　e）

图 7-71　管状物表皮

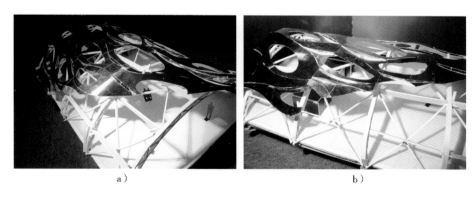

a）　　　　　　　　　　　　　　　　　　　b）

图 7-72　表皮与结构

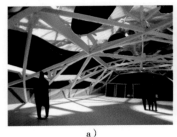

a)   b)   c)

图 7-73　内部空间

（该案例选自北方工业大学建筑学学生马秋妍、董华楠、刘津含、张萌、赵辰同学作业）

7.9　居住区规划设计——规模化概念设计

对于城市设计而言，设计者可以通过模型，较直观地分析出城市尺度下城市空间之间的关系，是其他表现手法无法比拟的。

（1）题目要求

题目为一个居住区规划设计。题目要求能够了解居住区空间形态组织的原则和基本方法；综合提高对建筑群体及外部空间环境的功能、造型、技术经济评价等方面的分析、设计构思及设计意图表达能力和专业素质；巩固和加深居住区规划理论知识的学习；掌握居住区规划的步骤、相关规范与技术要求。

具体要求包括以下几个方面。

①考虑规划地段的环境特点，基础设施配备情况。了解规划地段的环境特点，基础设施配备情况；分析小区用地与周围地区的关系，交通联系及基地现状的处理；评价现状建筑质量与环境状况。

②根据居住区建设用地规模及有关定额标准确定居住区的人口规模、各项用地规模、建筑面积和各项指标。根据规划要求和当地条件，设计或查找适宜的住宅单元类型；探索适用、合理、创新的住宅设计途径；住宅设计要求有合理的功能、良好的朝向、适宜的自然采光和通风等；确定居住区内公共建筑的内容、规模和布置方式等，表达其平面组合体形和空间场地的设计意图；公共建筑应结合当地居民生活水平和文化生活特征，并考虑今后的发展。

③掌握居住区中各功能空间的布局手法；提出居住区规划结构分析图，并进行道路交通组织分析，同时应考虑远近期开发的可能性。

④掌握居住区内景观创造的各种手法，分析居民活动特点，掌握小型室外活动场地设计的方法，进行绿化系统规划设计及其他室外活动场地规划布置，包括居住区中心绿地和住宅组群环境设计，如儿童游戏场地、成年人游憩场地等；主要绿化树种应与当地气候特征相适应。

⑤掌握各种住宅布局手法，用于组织居住区空间。综合分析构思居住区总体布局结构与空间组织形式。

⑥市政公用设施总体布局，包括电力、电信、燃气的设置，以及垃圾收集站点、公共厕所、物业管理中心等。

（2）设计构思

首先，从场地开始入手。项目基地位于原首钢旧厂房场内。设计考虑到其独特的意义，对场地内特有的工业元素进行再利用。其中，将场地中的铁路再利用作为景观要素，设计成为小区中一条独特的景观带。

小区总体布局上，考虑了地区季节变化特点，分布上采用多层结合高层。具体安排上，北面布置高层住宅，用以阻挡冬季的寒风；南面安排多层住宅，保证了南面良好的景观朝向，也尽可能地将夏季风引入小区中，实现小区整体的通风，改善小区局部环境；中部围绕着大面积的公园，布置对于环境要求较高的精品住宅。公共建筑上，主要考虑到服务便利，布置在小区北侧与南侧，分别位于住宅的下部。在小区北侧，按照规划要求设置了小学。

交通采用内环式布置，灵活方便。根据主环路及主次出入口的设置，对小区内人行道路进行调整与改进，充分考虑了人车分流。小区景观以中央公园为面，铁路为线，小品景观为点，点、线、面相结合，分布在居住小区的各个层面，使居住在小区中的居民在各个方位都可以欣赏到优美的景色。

（3）模型点评

模型表达主要是概念性展示小区的空间布局，采用了简洁性表达。主要材料包括灰色卡板、泡沫塑料和透明有机玻璃。图 7-74 ～图 7-77 所示为模型制作的全过程。图 7-74 所示为模型基底的制作。规划模型首先制作的是基底。模型借助二维图，将道路标示清楚，并裁割成型。地形的高低变化，也需要在基底中表达出来。此外，指北针、比例等信息也需表达出来。图 7-75 所示为中高层住宅制作。中高层住宅分别位于用地的四周。从表现角度来看，宜采用同一材料。模型采用灰色泡沫塑料来制作，体量感强，同时也显得比较整齐。图 7-76 所示为精品住宅制作。精品住宅位于小区重要位置，以透明有机玻璃材料制作精品住宅部分，区别于其他建筑，透明材质特有的质感，体现了精品住宅高贵的品质。图 7-77 所示为配景的制作。建

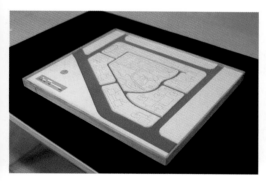

图 7-74　基底制作

图 7-75　中高层住宅表达

129

筑主体制作完成后，模型采用统一的绿色圆球作为植物配景，形体统一，色彩一致，起到配景的作用，使模型更加精致，并突出体量感。图 7-78 所示为细节表达。图 7-79所示为最终效果。

（该案例选自北方工业大学建筑学学生周世伦同学的作业）

图 7-76　精品住宅表达

图 7-77　配景表达

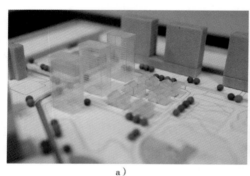

a）

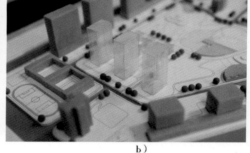

b）

图 7-78　细节表达

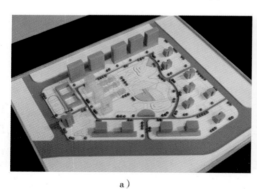

a）

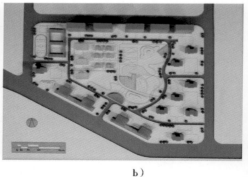

b）

图 7-79　最终效果

C hapter 第8章 08

模型作品展示

　　本章内容主要展示建筑学学生设计的模型作品。这些模型不一定在各个方面都是优秀的，但是却各有独特之处，真实地反映出学生在学习阶段所制作的模型特点，表现模型与设计之间表达与推进的互动关系。

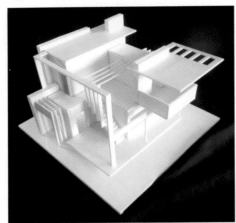

模型点评

　　模型以白色KT板为主要材料，材料单一使模型表现得更加注重空间本身属性。裁剪整齐，表达准确，制作精准。⊖

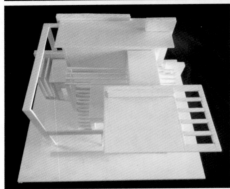

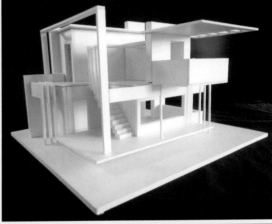

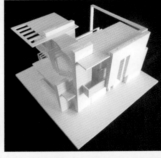

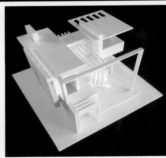

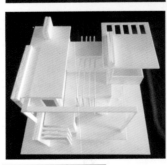

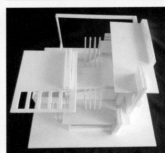

⊖ 作者注：本章所展示的模型，均为北方工业大学建筑与艺术学院建筑系学生设计作业。

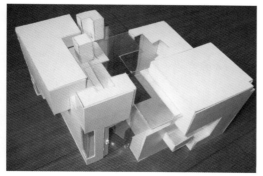

模型点评

以卡纸为主要材料，辅以透明膜，虚实对比明确。手工模型与计算机模型在设计推进中起到互助作用。

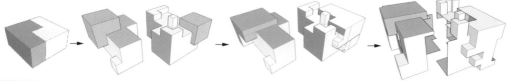

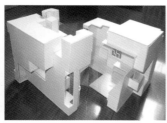

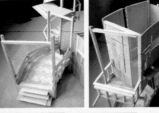

 模型点评

　　软木材料的使用，表达了方案设计中对木质材料表达的指代作用。

模型点评

白色与木色地面形成了色彩的呼应。模型细部制作精致，配景也较好表达了建筑环境。

模型点评

　　剖切模型通过作者设计比较清楚表达了建筑内部空间的特点。色彩搭配真实表达了建筑设计意向。

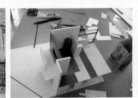

模型点评

主要表达了流水别墅的环境。流水以绘制为手段，简洁可行。建筑墙体之间的对比进行了细致刻画。

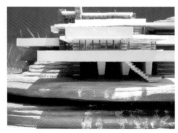

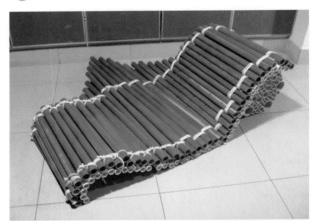

模型点评

模型主要采用PVC管材，通过钻孔、绑扎、喷漆等步骤制成。形态上的可变也是该模型制作的特点。

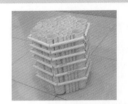

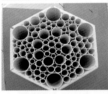

模型点评

　　模型采用PVC管为主要材料。模型制作过程中，对绑扎手法进行了研究。

小型游客中心设计——模型制作：陈思

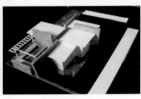
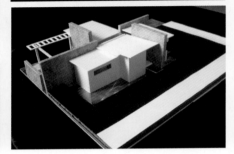

小型游客中心设计——模型制作：郭皓

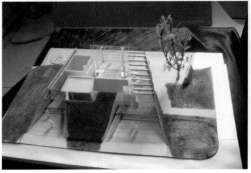

模型点评

　　单一材质有利于表现设计意图，框架、片墙、大平台等设计要素清楚表现。

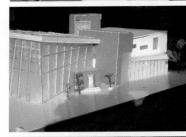

模型点评

　　模型以白色与灰色为主基调，大面磨砂玻璃与实体墙面的对比，室内分割空间较清楚表达。

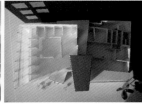

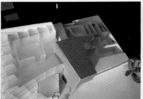

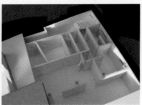

模型点评

　　城市设计草模以展现建筑形体为主，聚苯材料的块状形态特征，加工方便，成型迅速，有利于城市尺度中建筑形态的表达。

参 考 文 献

［1］郎世奇 . 建筑模型设计与制作，2 版［M］. 北京：中国建筑工业出版社，2006.

［2］尼克·邓恩 . 建筑模型制作［M］. 费腾，译 . 北京：中国建筑工业出版社，2011.

［3］洪惠群，杨安，邬月林 . 建筑模型［M］. 北京：中国建筑工业出版社，2007.

［4］赵健，王风华 . 色彩基础［M］. 北京：人民美术出版社，2012.